知識ゼロからの

植物の不思議

稲垣栄洋
植物学者・静岡大学教授

幻冬舎

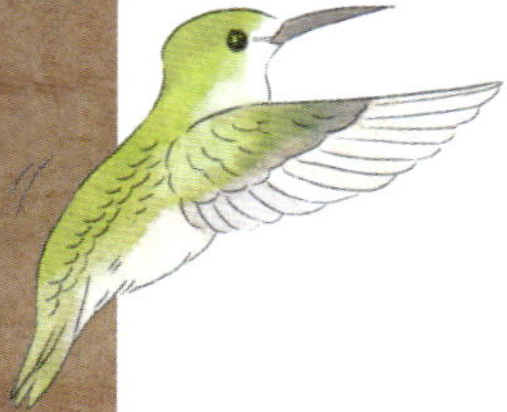

植物《しょくぶつ》はしたたか!?

私《わたし》たちの身近《みぢか》にある花《はな》や草木《くさき》。
意外《いがい》と知《し》らない植物《しょくぶつ》の世界《せかい》に飛《と》び込《こ》んでみましょう。

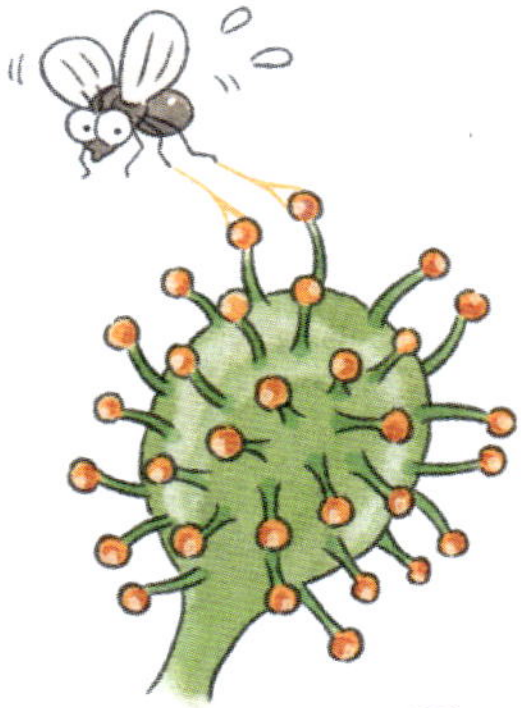

春《はる》

ピンクや黄色《きいろ》など、
やさしい色《いろ》の植物《しょくぶつ》が
私《わたし》たちに春《はる》の訪《おとず》れを
教《おし》えてくれます。
心《こころ》がぐっと晴《は》れやかに
なりませんか？

⇩詳《くわ》しくはP32／58／64／66／96／98／99／106

春夏秋冬《しゅんかしゅうとう》の植物《しょくぶつ》を見《み》てみよう

桜《さくら》が咲《さ》いたから春《はる》、

ヒマワリが元気《げんき》に太陽《たいよう》に向《む》かっているから夏《なつ》、

紅葉《こうよう》が見《み》られるようになったら秋《あき》、

雪《ゆき》に映《は》える花《はな》を見《み》て冬《ふゆ》……。

植物《しょくぶつ》は季節《きせつ》の移《うつ》り変《か》わりを教《おし》えてくれます。

さまざまな季節《きせつ》の植物《しょくぶつ》の世界《せかい》に飛《と》び込《こ》んでみませんか？

夏《なつ》

雨《あめ》の中《なか》で映《は》えるアジサイ。
太陽《たいよう》に向《む》かってぐんぐん伸《の》びていくヒマワリ。
暑《あつ》い夏《なつ》も元気《げんき》を与《あた》えてくれます。

⇩詳《くわ》しくはP30／91／97／103／104／114／131

秋《あき》

実《みの》りの秋《あき》。食欲《しょくよく》の秋《あき》。山々《やまやま》が赤《あか》や黄色《きいろ》に色《いろ》づく季節《きせつ》です。ドングリで遊《あそ》んだこと、思《おも》い出《だ》しませんか？

⇨詳《くわ》しくは P24 ／ 38 ／ 116 ／ 125 ／ 129

冬《ふゆ》

寒《さむ》く厳《きび》しい冬《ふゆ》にも
力強《ちからづよ》く咲《さ》いている花《はな》があります。
落《お》ち葉《ば》を使《つか》った焼《や》き芋《いも》なども、
楽《たの》しく美味《おい》しく季節《きせつ》を感《かん》じられますね。

⇨詳《くわ》しくは P108 ／ 109 ／ 117 ／ 126

ハス

スイレン

水辺《みずべ》が大好《だいす》きな植物《しょくぶつ》たち

植物園《しょくぶつえん》などで見《み》ることのできる水辺《みずべ》の植物《しょくぶつ》。
栄養《えいよう》はどのように摂《と》っているのでしょうか。
土《つち》の上《うえ》の植物《しょくぶつ》とは葉《は》の形《かたち》などが
違《ちが》うことに気《き》がつきましたか？

⇨詳《くわ》しくはP112／114

ミズヒナゲシ

毎日《まいにち》食《た》べている野菜《やさい》。

どんな花《はな》を咲《さ》かせているか知《し》っていますか？

野菜《やさい》は美味《おい》しいだけでなく、花《はな》もとっても魅力的《みりょくてき》なんです。

⇨詳《くわ》しくは P118 ～ P131

さまざまな野菜《やさい》の花《はな》を見《み》てみよう

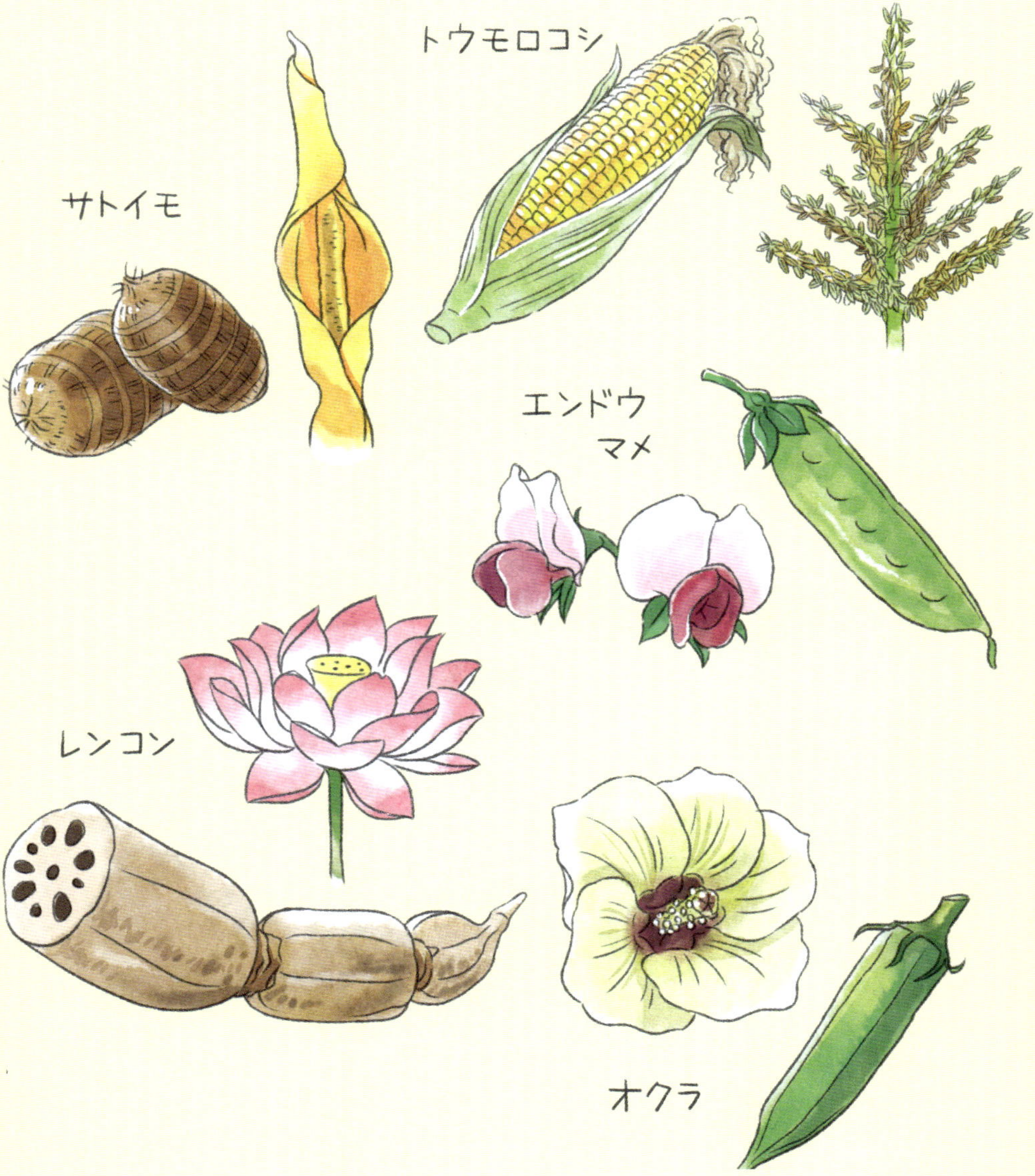

花《はな》はどうしていい香《かお》りがするの？

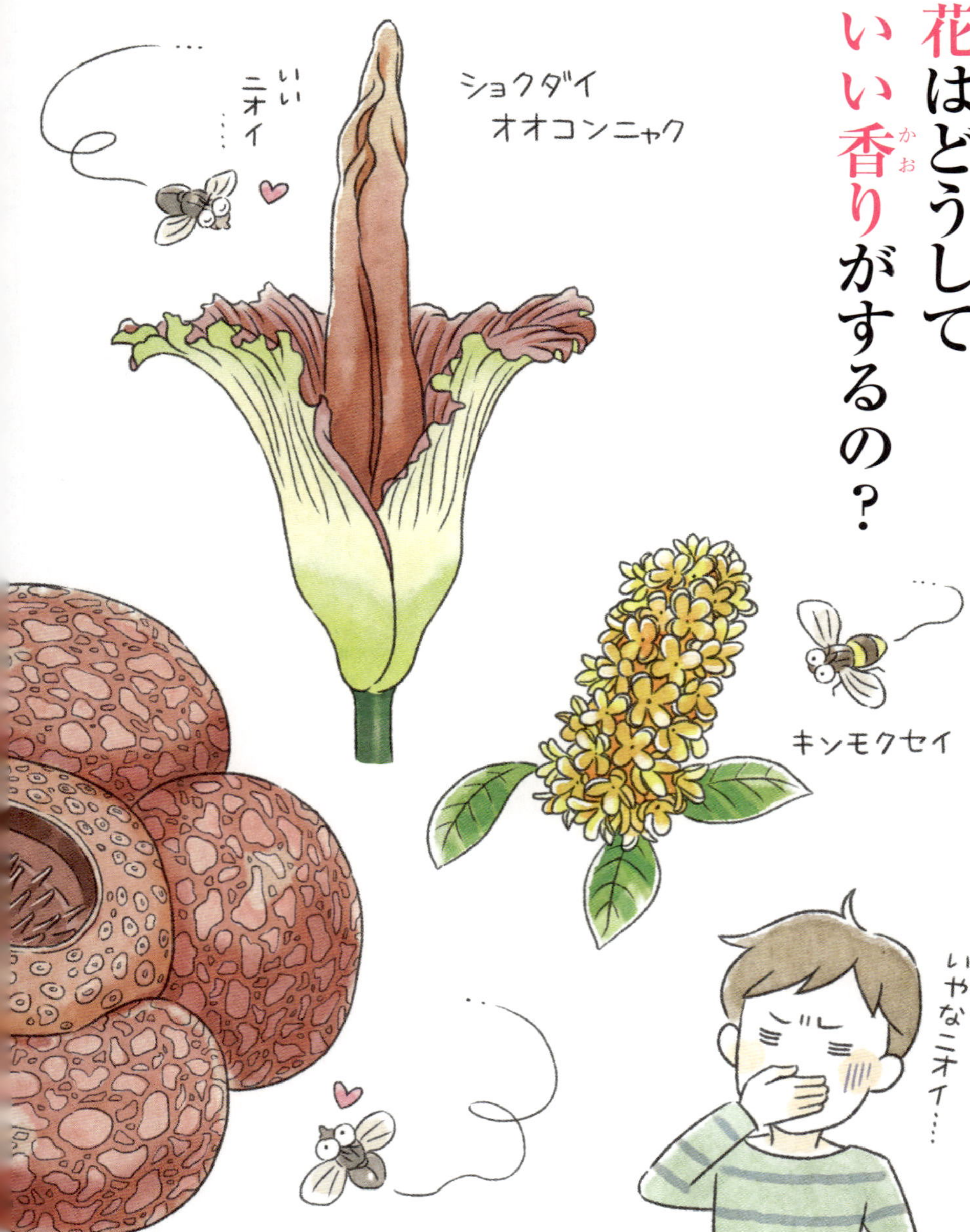

A
昆虫《こんちゅう》を呼《よ》び寄《よ》せて種子《しゅし》をつくるためです。

バラやキンモクセイ、ジャスミンなど、いい香《かお》りがする花《はな》はたくさんあります。ただ、花《はな》は、私《わたし》たち人間《にんげん》を喜《よろこ》ばせるためにいい香《かお》りを発《はっ》しているわけではありません。

多《おお》くの花《はな》は、昆虫《こんちゅう》の力《ちから》を借《か》りて種子《しゅし》をつくります。花《はな》のさまざまな香《かお》りは、この昆虫《こんちゅう》を呼《よ》び寄《よ》せるため。

じつは、花《はな》の香《かお》りの中《なか》にはとてもくさいものもあるのです。

有名《ゆうめい》なのが東南《とうなん》アジア原産《げんさん》のラフレシア。死肉《しにく》のようなにおいを放《はな》つことから、発見当時《はっけんとうじ》は「人食《ひとく》い花《ばな》ではないか？」と恐《おそ》れられたとか。インドネシアのスマトラ島《とう》に自生《じせい》するショクダイオオコンニャクの花《はな》は、「世界一大《せかいいちおお》きくて、世界一《せかいいち》くさい」といわれています。どちらの花《はな》も、その強烈《きょうれつ》なにおいでハエなどの昆虫《こんちゅう》を呼《よ》び寄《よ》せているのです。

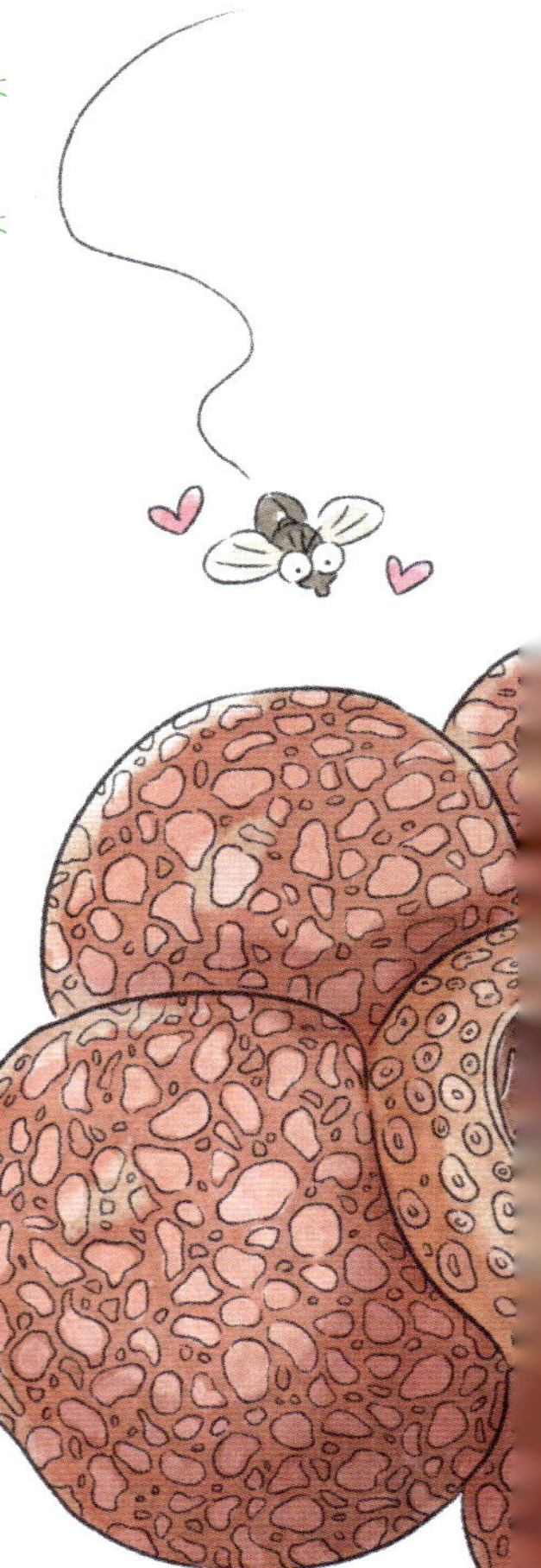

植物《しょくぶつ》は痛《いた》みを感《かん》じる？

A
痛《いた》みは感《かん》じません。ただ、ストレスは感《かん》じるようです。

「痛《いた》み」は、体《からだ》の内外《ないがい》のどこかが傷《きず》つく、あるいは異常《いじょう》が起《お》こっていることを、神経《しんけい》が脳《のう》へと伝《つた》えることで起《お》きる現象《げんしょう》です。植物《しょくぶつ》には脳《のう》も神経《しんけい》もありませんから、虫《むし》にかじられても、人間《にんげん》に切《き》り刻《きざ》まれても、「痛《いた》い！」と感《かん》じたりはしません。

ただ、少《すく》なくともストレスは感《かん》じているようです。たとえば、人間《にんげん》になでられ続《つづ》けた植物《しょくぶつ》は小《ちい》さくなることがわかっています。植物《しょくぶつ》にとって触《さわ》られるということは、「周囲《しゅうい》に何《なに》かしらの障害物《しょうがいぶつ》がある」ことを意味《いみ》します。そこで植物《しょくぶつ》は、それ以上成《いじょうせい》長《ちょう》するのをやめたり、小《ちい》さくなったりするのです。さらに、最近《さいきん》の研究《けんきゅう》から、植物《しょくぶつ》には、体《からだ》の一部《いちぶ》が傷《きず》つけられたという情報《じょうほう》を全身《ぜんしん》に伝《つた》える情《じょう》報《ほう》ネットワークがあることが明《あき》らかになっています。

食虫植物《しょくちゅうしょくぶつ》はなぜ植物《しょくぶつ》なのに虫《むし》を食《た》べるの？

落とし穴タイプ
罠タイプ
何だか
イイ香りが
する…

A 土《つち》から吸収《きゅうしゅう》できない栄養分《えいようぶん》を補《おぎな》うためです。

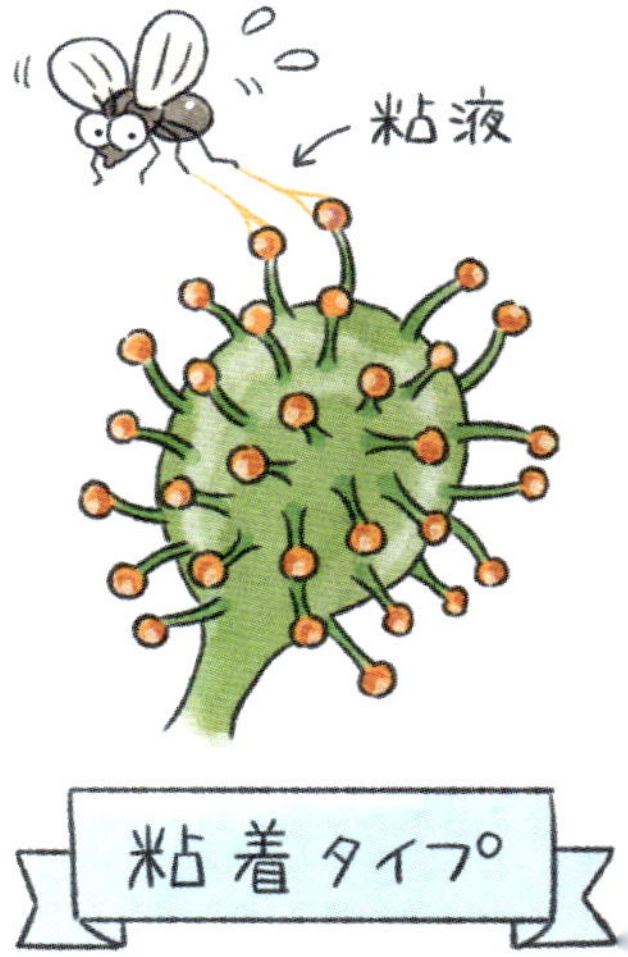

植物《しょくぶつ》の成長《せいちょう》には光《ひかり》、二酸化炭素《にさんかたんそ》、水《みず》のほかに、窒素《ちっそ》、リン酸《さん》、カリウムなどが必要《ひつよう》です。通常《つうじょう》、これらの栄養分《えいようぶん》は土《つち》の中《なか》から吸収《きゅうしゅう》しますが、栄養分《えいようぶん》が少《すく》ない土地《とち》に生《い》きる植物《しょくぶつ》は、土以外《つちいがい》から栄養分《えいようぶん》を吸収《きゅうしゅう》しなくてはいけません。たとえば、22〜23ページでお話《はな》ししているように、マメ科《か》の植物《しょくぶつ》は、根《ね》につく根粒菌《こんりゅうきん》というバクテリアの助《たす》けを得《え》て空気中《くうきちゅう》の窒素《ちっそ》を取《と》り込《こ》んでいます。食虫植物《しょくちゅうしょくぶつ》は、虫《むし》を食《た》べることで栄養分《えいようぶん》を得《え》ているのです。なお、食《しょく》〝虫《ちゅう》〟植物《しょくぶつ》といいますが、カエルやネズミを捕《と》らえる種類《しゅるい》もあります。

マダガスカル島《とう》には、催眠効果《さいみんこうか》のある香《かお》りで人《ひと》を呼《よ》び寄《よ》せて血《ち》を吸《す》うという「デビル・ツリー」の伝説《でんせつ》もあります。これが事実《じじつ》だとしたら恐《おそ》ろしいですよね。

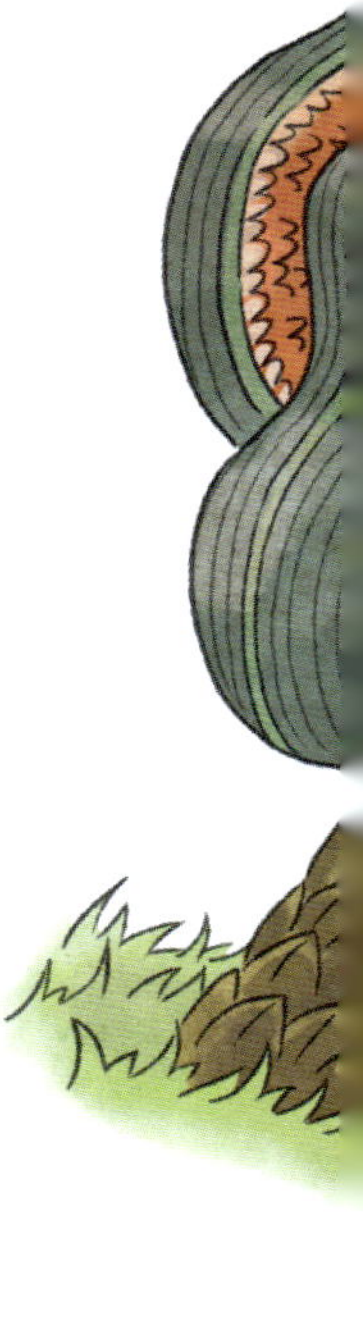

食虫植物《しょくちゅうしょくぶつ》はどうやって虫《むし》を捕《つか》まえているの？

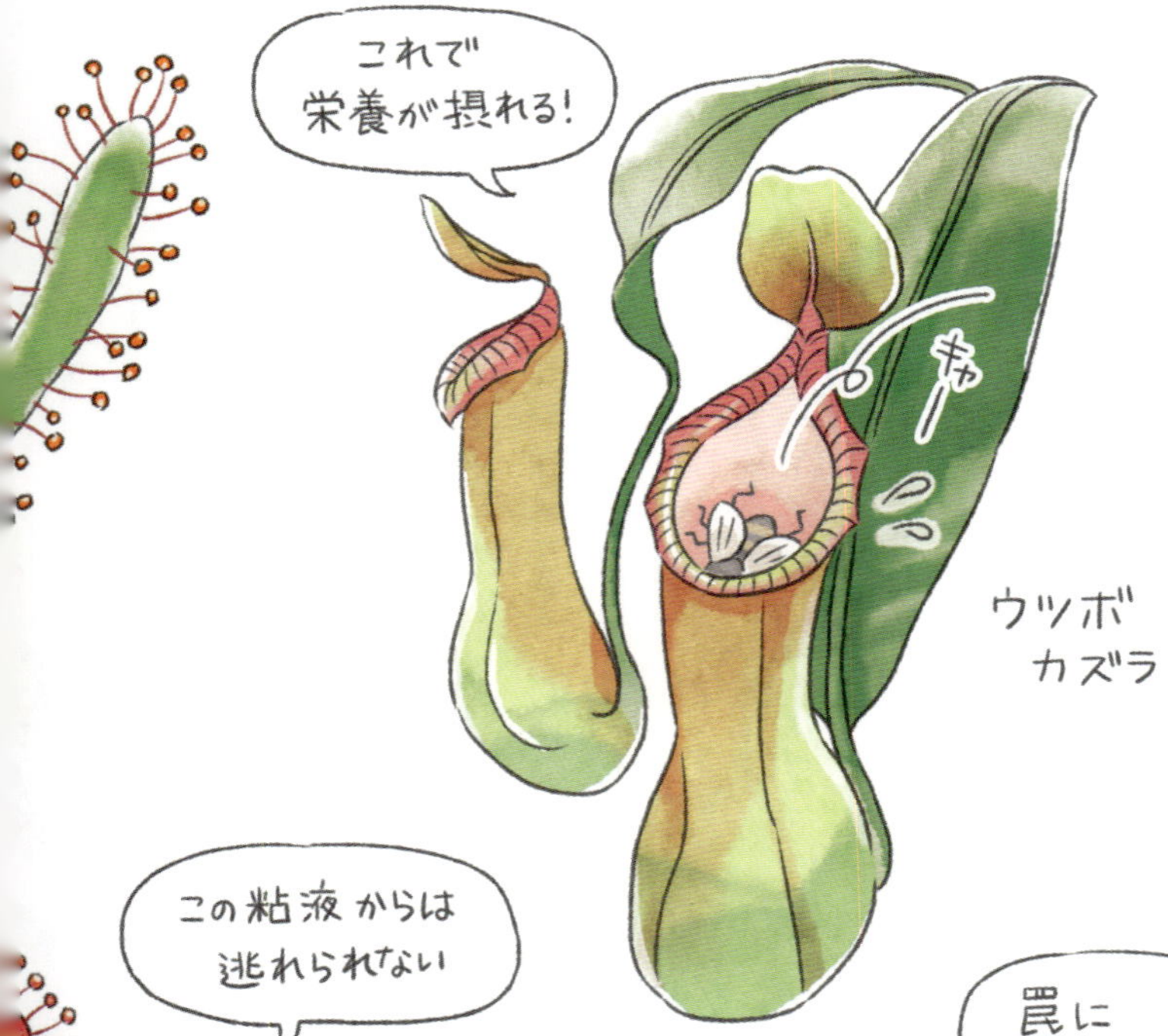

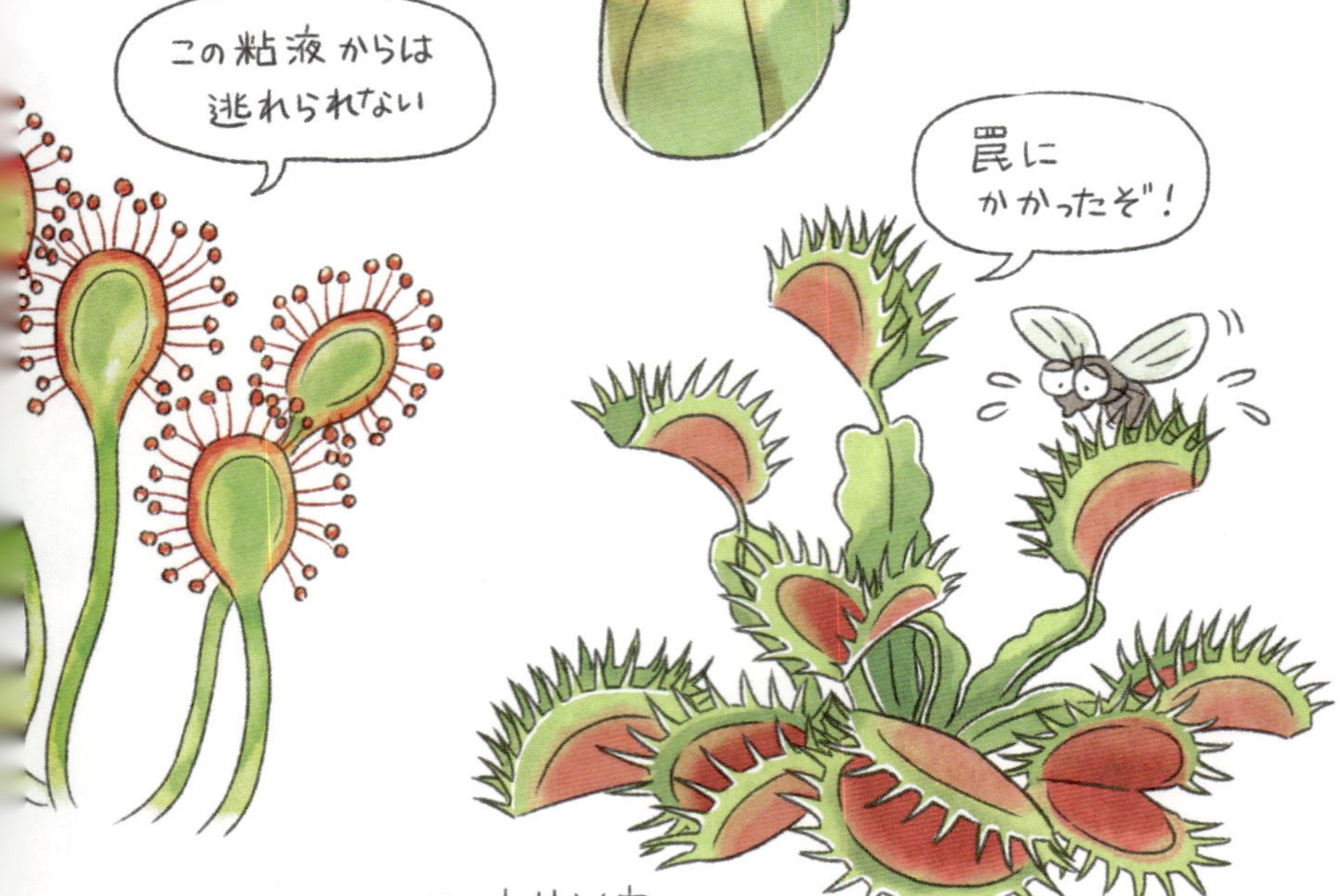

A
虫《むし》の捕《つか》まえ方《かた》は、大《おお》きく三《みっ》つのタイプに分類《ぶんるい》されています。

一《ひと》つ目《め》は、ハエトリソウのように特殊《とくしゅ》な罠《わな》で虫《むし》を捕獲《ほかく》する罠《わな》タイプ。罠《わな》タイプの葉《は》には感覚毛《かんかくもう》と呼《よ》ばれるセンサーがついていて、一定時間内《いっていじかんない》に虫《むし》が2回《かい》センサーに触《ふ》れると、葉《は》を閉《と》じて虫《むし》を捕獲《ほかく》します。

次《つぎ》に、ウツボカズラのように蜜線《みつせん》から出《だ》す甘《あま》いにおいで虫《むし》を誘《さそ》い、壺《つぼ》状《じょう》の葉《は》に虫《むし》を落《お》とす落《お》とし穴《あな》タイプ。この落《お》とし穴《あな》は、滑《すべ》りやすくなっていて、一度《いちど》入《はい》ると抜《ぬ》け出《だ》すことが困《こん》難《なん》です。

そして、三《みっ》つ目《め》がモウセンゴケのように、葉《は》から出《で》るベトベトの粘液《ねんえき》で虫《むし》を捕《と》らえて逃《にが》さない粘着《ねんちゃく》タイプです。

じつは、食虫植物《しょくちゅうしょくぶつ》は園芸店《えんげいてん》などで気軽《きがる》に購入《こうにゅう》できます。自分《じぶん》で育《そだ》てて、そのユニークな生態《せいたい》を観察《かんさつ》するのも面白《おもしろ》いのではないでしょうか。

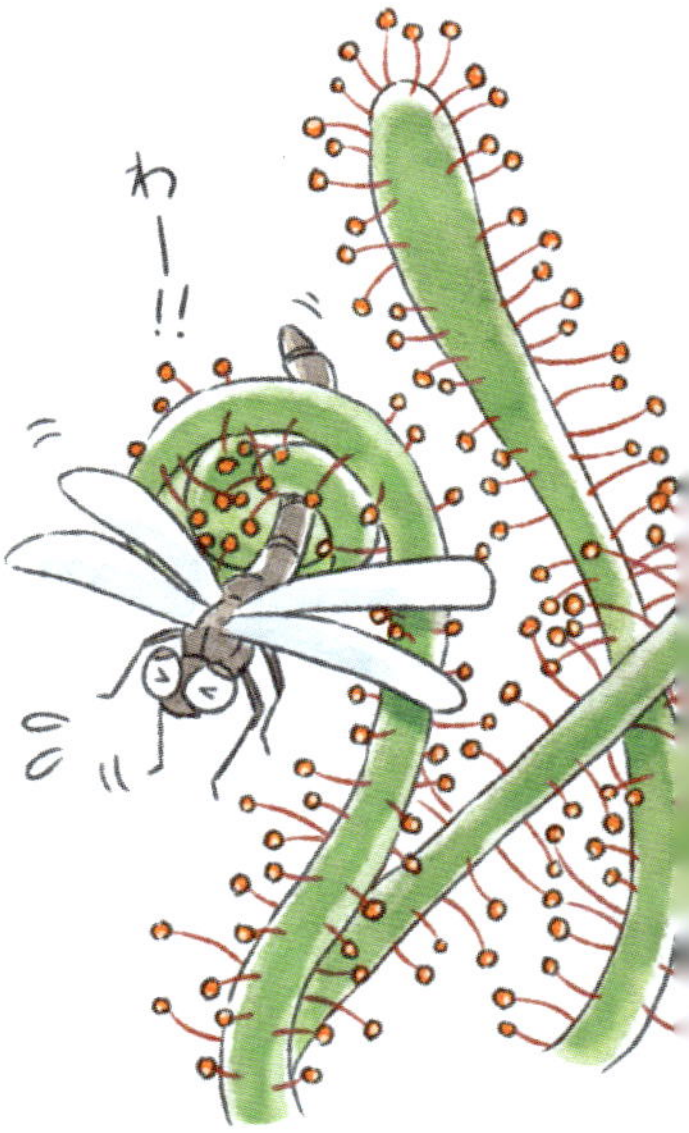

ナガバノモウセンゴケ

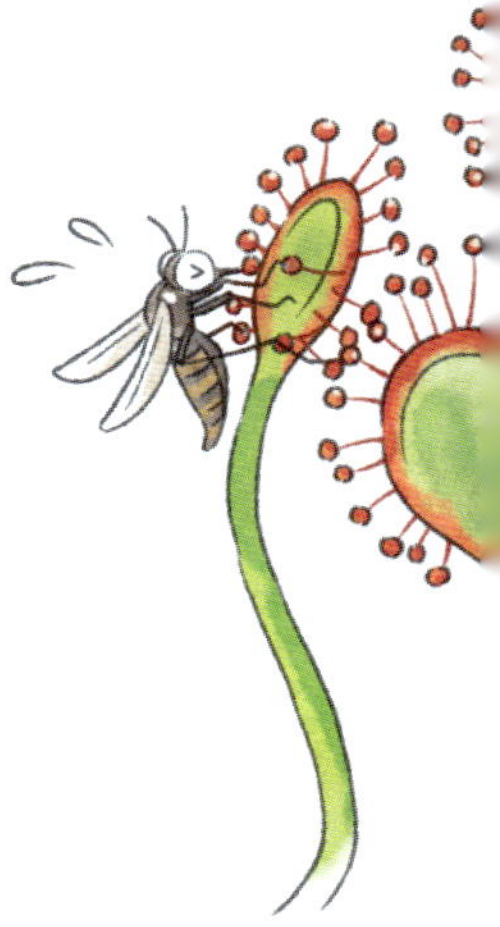
モウセンゴケ

なぜ水《みず》を根《ね》から吸収《きゅうしゅう》するだけで植物《しょくぶつ》は成長《せいちょう》できるのか？

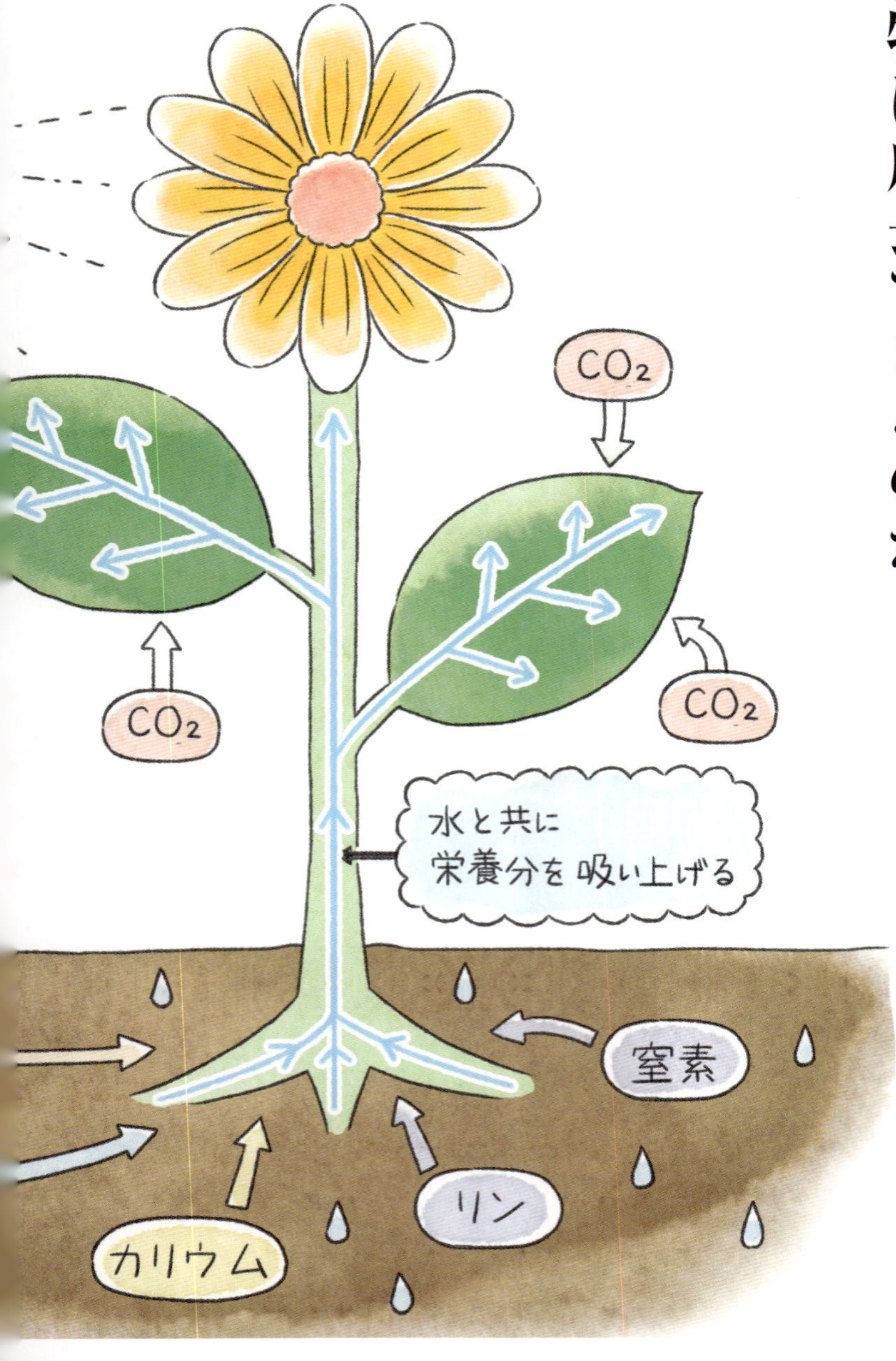

A 植物《しょくぶつ》は水《みず》と一緒《いっしょ》に栄養分《えいようぶん》も吸《す》い上《あ》げています。

植物《しょくぶつ》は、太陽《たいよう》の光《ひかり》と水《みず》、二酸化《にさんか》炭素《たんそ》があれば、生《い》きるために必要《ひつよう》な糖分《とうぶん》をつくり出《だ》すことができます。これを光合成《こうごうせい》といいます。ただし、光合成《こうごうせい》からつくる糖分《とうぶん》だけで植《しょく》物《ぶつ》が成長《せいちょう》できるわけではありません。植物《しょくぶつ》の成長《せいちょう》には窒素《ちっそ》、リン、カリウムなども必要《ひつよう》で、植物《しょくぶつ》は土中《どちゅう》にあるこれらの栄養分《えいようぶん》を水《みず》と一緒《いっしょ》に吸《す》い上《あ》げているのです。

なかでも窒素《ちっそ》は、植物《しょくぶつ》の成長《せいちょう》に欠《か》かせない栄養分《えいようぶん》です。窒素《ちっそ》が少《すく》ない土地《とち》では、多《おお》くの植物《しょくぶつ》は満足《まんぞく》に生《い》きられません。ところが、そんな環境《かんきょう》をものともせずに育《そだ》つ植物《しょくぶつ》もいます。たとえばレンゲ、エンドウ、インゲン、クローバーといったマメ科《か》の植《しょく》物《ぶつ》は、根《ね》につく根粒菌《こんりゅうきん》というバクテリアの助《たす》けを得《え》て、空気中《くうきちゅう》の窒素《ちっそ》を取《と》り込《こ》むことができます。

モミジは赤《あか》く、イチョウが黄《き》色《いろ》くなるのはなぜ？

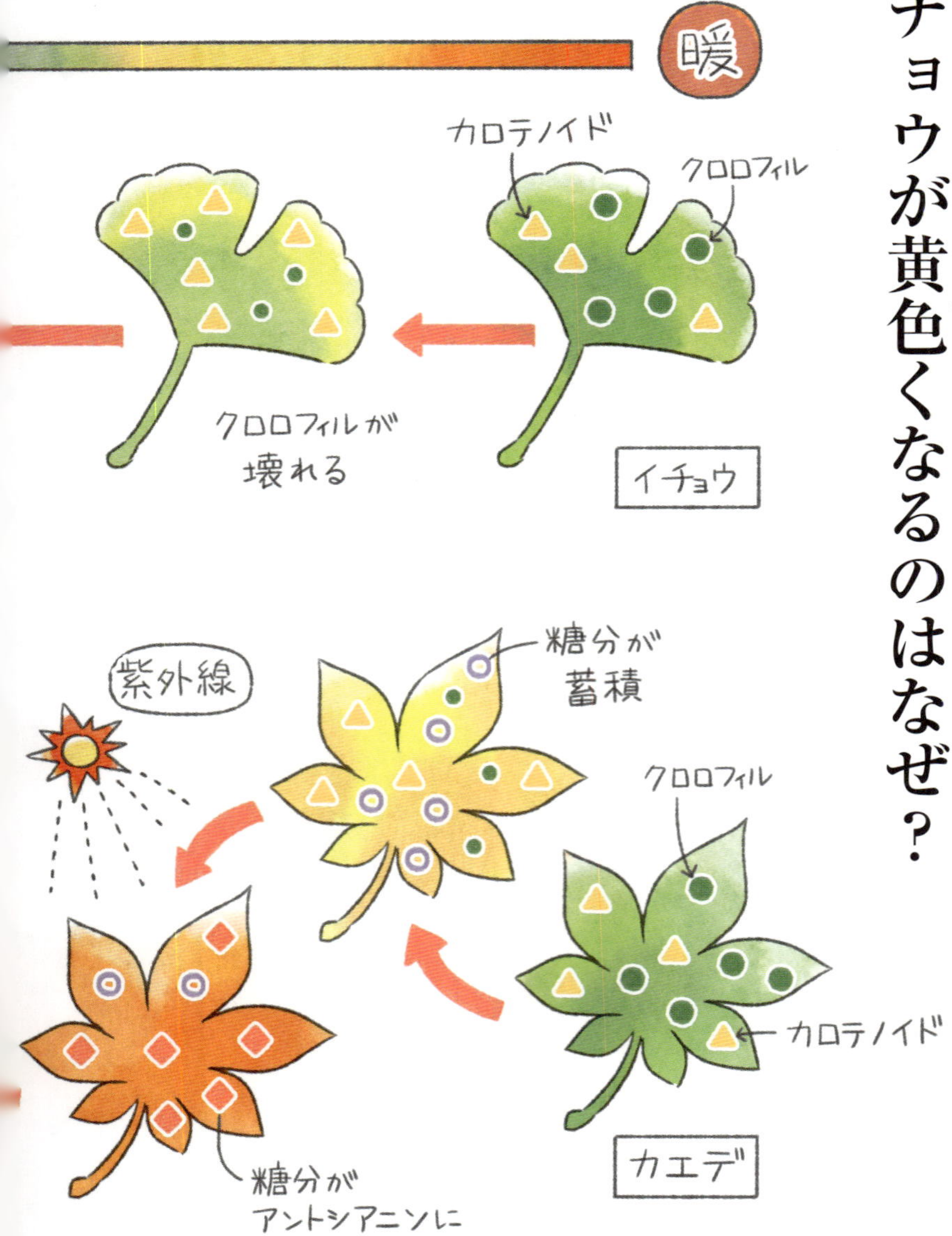

A 植物《しょくぶつ》によって持《も》っている色素《しきそ》が違《ちが》うからです。

葉《は》の色《いろ》の変化《へんか》はクロロフィルという葉緑素《ようりょくそ》が壊《こわ》れることで起《お》こります（詳《くわ》しくは39ページ）。イチョウやカラマツなどの葉《は》には、もともとカロテノイドという黄色《きいろ》の色素《しきそ》が含《ふく》まれています。葉緑素《ようりょくそ》が壊《こわ》れることでそれが表《おもて》に出《で》て、葉《は》の色《いろ》が黄色《きいろ》に変《か》わるのです。

赤《あか》く色《いろ》づくメカニズムはちょっと違《ちが》います。葉緑素《ようりょくそ》は、水分《すいぶん》や栄養分《えいようぶん》をもらえなくなってからも、しばらくは自力《じりき》で光合成《こうごうせい》を行《おこな》い、必要《ひつよう》な糖分《とうぶん》の生産《せいさん》を続《つづ》けます。けれど、その糖分《とうぶん》も、葉《は》のつけ根《ね》にある離層《りそう》が邪魔《じゃま》して本体《ほんたい》に送《おく》ることができません。使《つか》われずに溜《た》まった糖分《とうぶん》は、やがてアントシアニンという赤《あか》い色素《しきそ》に変化《へんか》します。そして、葉緑素《ようりょくそ》が壊《こわ》れるとアントシアニンが目立《めだ》つようになり、赤《あか》く見《み》えるというわけです。

虫《むし》はどうやって花《はな》を選《えら》んでいるの？

A
昆虫《こんちゅう》には花《はな》に好《この》みの色《いろ》や形状《けいじょう》などがあり、それにしたがって選《えら》んでいます。

花《はな》をよく観察《かんさつ》していると、花《はな》によって集《あつ》まる昆虫《こんちゅう》が違《ちが》うことがわかります。じつは昆虫《こんちゅう》は、色《いろ》や形状《けいじょう》、においによって花《はな》を選《えら》んでいるのです。

たとえば、ミツバチは紫色《むらさきいろ》を好《この》みます。また、頭《あたま》がよいので、花弁《かべん》の奥《おく》に入《はい》り込《こ》まないと蜜《みつ》がとれないような複雑《ふくざつ》な形状《けいじょう》の花《はな》でも蜜《みつ》をとることができます。レンゲ畑《ばたけ》でミツバチをよく見《み》かけるのはこのため。一方《いっぽう》、アブは黄色《きいろ》を好《この》みます。加《くわ》えて、ミツバチに比《くら》べてそれほど頭《あたま》がよくないので、蜜《みつ》をとりやすい単純《たんじゅん》な形状《けいじょう》の花《はな》を選《えら》びます。早春《そうしゅん》に咲《さ》くタンポポや菜《な》の花《はな》を見《み》ていると、アブが多《おお》く集《あつ》まっているのがわかるはずです。

このほか、花《はな》のにおいも、虫《むし》が花《はな》を選《えら》ぶ要素《ようそ》となります。人間《にんげん》に好《この》みがあるように、昆虫《こんちゅう》にも好《この》みがあるのです。

変《か》わった方法《ほうほう》で種子《しゅし》を飛《と》ばす植物《しょくぶつ》はある？

A
翼《つばさ》を持《も》ち、飛行機《ひこうき》のように飛《と》ぶ種《たね》や時速《じそく》200kmで飛《と》ぶ種《たね》があります。

アルソミトラという植物《しょくぶつ》があります。インドネシアの熱帯雨林《ねったいうりん》に生《は》えるつる性《せい》のこの植物《しょくぶつ》は、20〜30cmほどの実《み》をつけます。実《み》の中《なか》には薄《うす》い膜《まく》のような翼《つばさ》を持《も》った種子《しゅし》があり、ときが来《く》ると、翼《つばさ》を持《も》った種子《しゅし》が実《み》から順番《じゅんばん》に滑空《かっくう》するのです。

20世紀初頭《せいきしょとう》、ボヘミアのエトリッヒ父子《おやこ》はこの種子《しゅし》をモデルとしてアルソミトラ型飛行機《がたひこうき》を作成《さくせい》。アルソミトラ型飛行機《がたひこうき》はのちに尾翼《びよく》をつけたタウベ型《がた》に発展《はってん》し、軍用機《ぐんようき》として用《もち》いられました。

テッポウウリは、実《み》の中《なか》に圧力《あつりょく》をかけて水《みず》を押《お》し込《こ》み、圧力《あつりょく》が限界《げんかい》に達《たっ》したときに種子《しゅし》を飛《と》ばします。その速《はや》さはなんと時速《じそく》200km超《ちょう》！これは、プロのテニスプレーヤーの高速《こうそく》サーブと同《おな》じぐらいの速《はや》さだそうです。

実

南《みなみ》の島《しま》の花《はな》はなぜカラフル？

A

鳥《とり》が好《この》む色《いろ》だからです。

南《みなみ》の島《しま》の花《はな》と聞《き》いて、ブーゲンビリアやハイビスカスなどの赤《あか》い花《はな》を思《おも》い浮《う》かべる人《ひと》も多《おお》いでしょう。

すでにお話《はな》ししたように、植物《しょくぶつ》は、花粉《かふん》を運《はこ》んでもらいたい相手《あいて》が好《この》む色《いろ》の花《はな》を咲《さ》かせます。ただ、気温《きおん》が高《たか》いエリアでは昆虫《こんちゅう》はあまりあてにできません。暑《あつ》いと昆虫《こんちゅう》の活動《かつどう》が鈍《どん》化《か》するからです。そこで、南《みなみ》の島《しま》の花《はな》が花粉《かふん》の運《はこ》び手《て》に選《えら》んだのが鳥類《ちょうるい》です。

多《おお》くの虫《むし》は赤色《あかいろ》を認識《にんしき》できません。けれど、鳥類《ちょうるい》は赤色《あかいろ》を認識《にんしき》でき、しかも好《この》みます。だから、熱帯地方《ねったいちほう》には赤《あか》い花《はな》が多《おお》いのです。また、大《おお》きくて雌《め》しべが飛《と》び出《で》ている形状《けいじょう》のものが多《おお》いのも、そのほうが鳥《とり》に花粉《かふん》を運《はこ》んでもらいやすいからです。

サクラはなぜいっせいに咲《さ》くの？

A

サクラの代表《だいひょう》ソメイヨシノがクローンだからです。

お花見《はなみ》で目《め》にするサクラは、江戸《えど》時代半《じだいなか》ばごろにつくられたソメイヨシノという品種《ひんしゅ》です。ソメイヨシノは種子《しゅし》で増《ふ》やすのではなく、枝《えだ》をほかの木《き》に接《つ》ぎ合《あ》わせる「接《つ》ぎ木《き》」、枝《えだ》を土《つち》などに挿《さ》す「挿《さ》し木《き》」といった方法《ほうほう》で増《ふ》やします。

このように、もとの個体《こたい》を分身《ぶんしん》させて増《ふ》やしたものをクローンと呼《よ》びます。つまり、日本《にほん》に咲《さ》くソメイヨシノはすべてクローンなのです。

種子《しゅし》で増《ふ》やした場合《ばあい》、〝親《おや》〟と〝子孫《しそん》〟は別《べつ》の特徴《とくちょう》を持《も》ち、たとえば花《はな》が咲《さ》く時期《じき》はまちまちになります。けれど、ソメイヨシノはクローンなので、いっせいに咲《さ》いていっせいに散《ち》ります。気温《きおん》にしたがって南《みなみ》から順番《じゅんばん》にサクラが咲《さ》く「桜前線《さくらぜんせん》」の発表《はっぴょう》も、ソメイヨシノがクローンだからこそ可能《かのう》なのです。

植物《しょくぶつ》のネーミング、面白《おもしろ》いものは？

A
犬《いぬ》の陰嚢《いんのう》、屁糞《へくそ》、掃《は》き溜《だ》め……いろいろあります。

植物《しょくぶつ》の中《なか》には面白《おもしろ》い名前《なまえ》を持《も》つものがあります。その筆頭《ひっとう》が「オオイヌノフグリ」です。オオイヌは大犬《おおいぬ》で、フグリとは陰嚢《いんのう》のこと。オオイヌノフグリは、早春《そうしゅん》、可憐《かれん》な青《あお》い花《はな》を咲《さ》かせた後《あと》に丸《まる》い実《み》をつけます。この丸《まる》い実《み》がだらんとぶら下《さ》がっている様子《ようす》は、確《たし》かに犬《いぬ》の陰嚢《いんのう》にそっくりです。そのままずばり、「イヌノキンタマ」と呼《よ》ぶ地域《ちいき》もあります。

ハキダメギク

「ヘクソカズラ」も負《ま》けてはいません。ヘクソは屁糞《へくそ》。悪臭《あくしゅう》を放《はな》つことから命名《めいめい》されました。夏《なつ》から秋《あき》にかけて、中心部《ちゅうしんぶ》が紫色《むらさきいろ》に染《そ》まった小《ちい》さな白《しろ》い花《はな》を咲《さ》かせます。

「ハキダメギク」もいい勝負《しょうぶ》です。植物学者《しょくぶつがくしゃ》として有名《ゆうめい》な牧野富太郎《まきのとみたろう》博《はか》士《せ》が、東京都世田谷区《とうきょうとせたがやく》のごみ捨《す》て場《ば》で発見《はっけん》したことから、この名《な》がつきました。

毒草《どくそう》の見分《みわ》け方《かた》ってある？

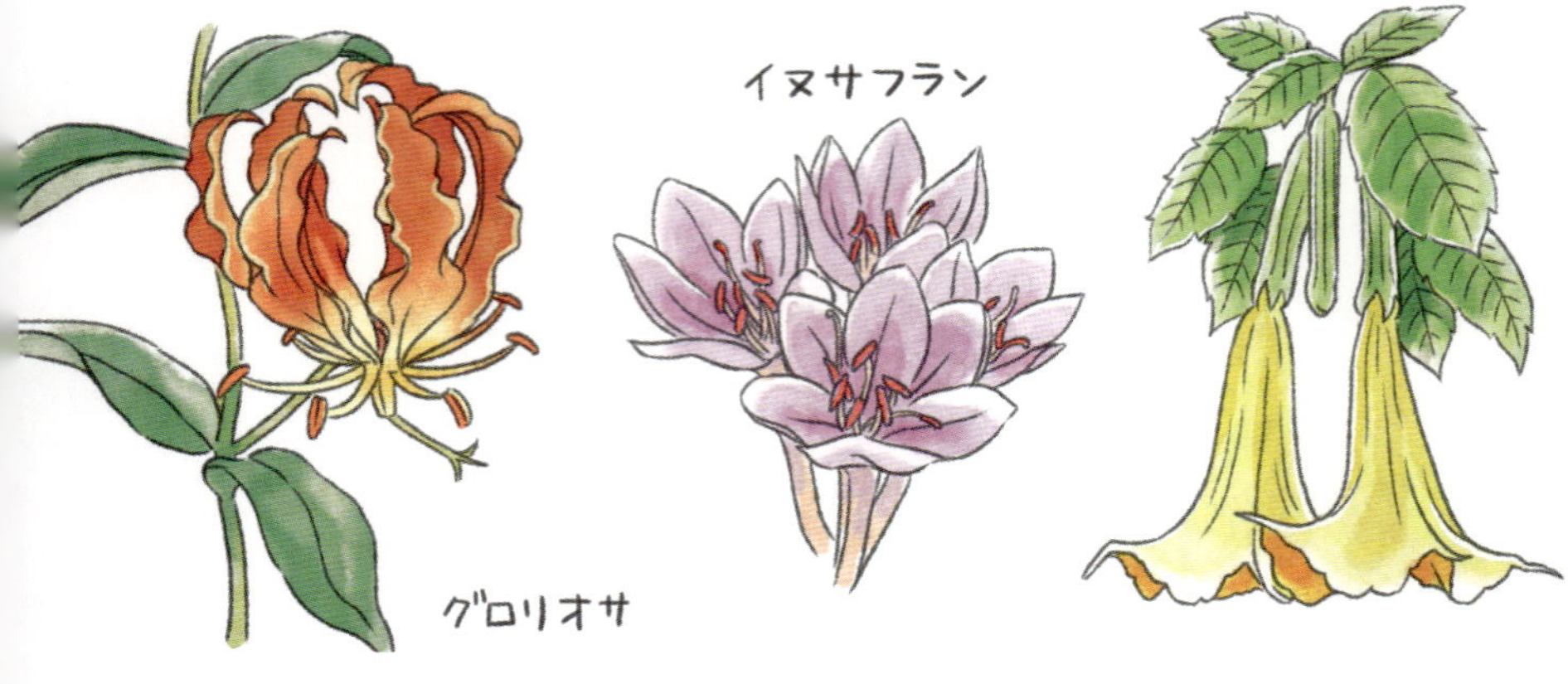

A

残念《ざんねん》ながらありません。野草《やそう》を食《た》べるときは十分注意《じゅうぶんちゅうい》しましょう。

毒《どく》のある植物《しょくぶつ》として有名《ゆうめい》なのがトリカブトです。トリカブトの毒《どく》の主《おも》な成分《せいぶん》はアルカロイドで、この毒《どく》は、フグのテトロドトキシンに次《つ》ぐ猛毒《もうどく》。トリカブトは植物界最強《しょくぶつかいさいきょう》の有毒植物《ゆうどくしょくぶつ》といえるでしょう。

これほど猛毒《もうどく》ではなくても、じつは私《わたし》たちのまわりには毒《どく》を持《も》つ植物《しょくぶつ》がたくさんあります。スズランやアジサイ、ナスやジャガイモも毒《どく》を持《も》っています。ジャガイモの芽《め》や緑《みどり》色《いろ》になった部分《ぶぶん》を食《た》べると吐《は》き気《け》や下痢《げり》、腹痛《ふくつう》、頭痛《ずつう》、めまいなどの症状《しょうじょう》が出《で》ることがあります。セリにそっくりなドクゼリ、ニラによく似《に》た葉《は》を持《も》つスイセンも毒草《どくそう》で、毎年《まいとし》のように間違《まちが》って食《た》べて中毒《ちゅうどく》になる事故《じこ》が発生《はっせい》しています。残念《ざんねん》ながら毒草《どくそう》を完全《かんぜん》に見分《みわ》ける方法《ほうほう》はないので、誤食《ごしょく》しないようご注意《ちゅうい》を。

季節《きせつ》によって葉《は》の色《いろ》が変《か》わるのはなぜ？

A 緑色《みどりいろ》の色素《しきそ》が壊《こわ》れて、ほかの色《いろ》の色素《しきそ》が見《み》えるようになるからです。

葉《は》には葉緑素《ようりょくそ》という緑色《みどりいろ》の色素《しきそ》が含《ふく》まれています。葉《は》が緑色《みどりいろ》に見《み》えるのはこのためです。ほかに、黄色《きいろ》や赤色《あかいろ》の色素《しきそ》を持《も》つ植物《しょくぶつ》もあります。

太陽《たいよう》の光《ひかり》がふんだんに降《ふ》り注《そそ》ぐ夏《なつ》、葉《は》は葉緑素《ようりょくそ》が中心《ちゅうしん》となって懸命《けんめい》に光合成《こうごうせい》を行《おこな》います。しかし、秋《あき》になって日差《ひざ》しが弱《よわ》まると、思《おも》うように光合成《こうごうせい》ができなくなります。光合成《こうごうせい》という役目《やくめ》を果《は》たせなくなった葉《は》は、本体《ほんたい》である木《き》にとっていわばお荷物《にもつ》です。そこで、木《き》は葉《は》のつけ根《ね》に「離層《りそう》」と呼《よ》ばれるブロックを設《もう》け、葉《は》に水分《すいぶん》や栄養分《えいようぶん》が届《とど》かないようにします。葉《は》に水分《すいぶん》や栄養分《えいようぶん》が届《とど》かなくなると、やがて葉緑素《ようりょくそ》が壊《こわ》れ始《はじ》めます。すると、それまで目立《めだ》たなかった黄色《きいろ》の色素《しきそ》が目立《めだ》ったり、新《あたら》しく赤《あか》い色素《しきそ》ができたりします。こうして葉《は》の色《いろ》が変《か》わるのです。

植物《しょくぶつ》はどうして散《ち》るの？

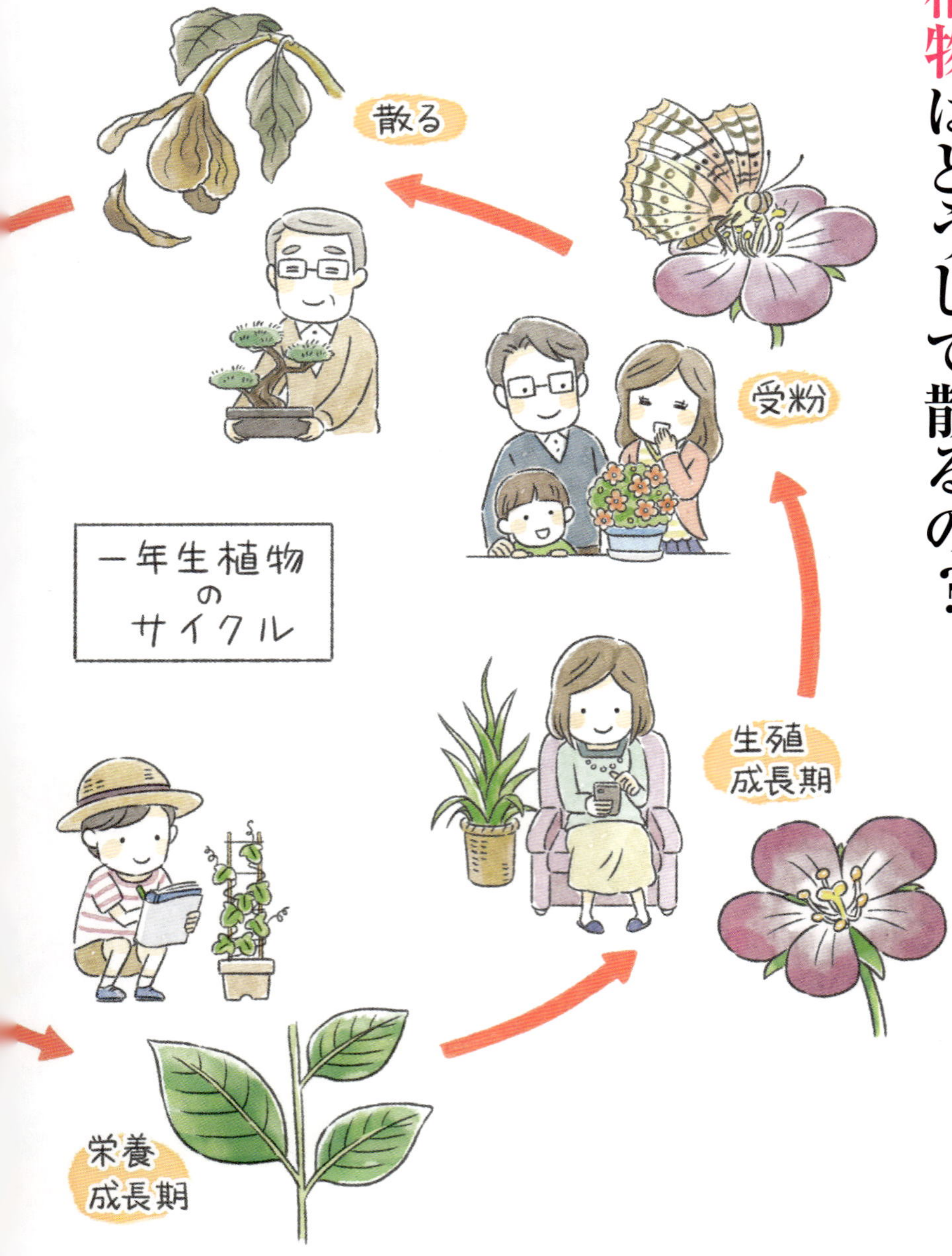

A

花《はな》の役目《やくめ》が終《お》わったからです。

多《おお》くの花《はな》は昆虫《こんちゅう》や鳥《とり》に助《たす》けてもらって受粉《じゅふん》をし、種子《しゅし》をつくります。花《はな》は、その色《いろ》や香《かお》りで昆虫《こんちゅう》や鳥《とり》を呼《よ》び寄《よ》せるためのもの。無事《ぶじ》に受粉《じゅふん》できれば花《はな》の役目《やくめ》は終《お》わります。だから、花《はな》は散《ち》ったり、しおれたりするのです。

ただ、花《はな》が散《ち》ったり、しおれたりして、さらに雄《お》しべがとれても、よく見《み》ると、雌《め》しべやがくは残《のこ》っています。雌《め》しべは実《み》になる大切《たいせつ》な器官《きかん》。そして、がくには実《み》を守《まも》る役目《やくめ》があります。花《はな》びらや雄《お》しべがなくなった後《あと》も雌《め》しべは残《のこ》り、もとの部分《ぶぶん》がふくらんで実《み》になります。そして、種子《しゅし》ができるのです。

花《はな》を咲《さ》かせる植物《しょくぶつ》の多《おお》くは、芽《め》を出《だ》してから1年以内《ねんいない》に花《はな》を咲《さ》かせて種子《しゅし》をつくり、枯《か》れてしまいます。こうした植物《しょくぶつ》を一年生《いちねんせい》といいます。

水《みず》が少《すく》ない砂漠《さばく》でもサボテンが枯《か》れないのはなぜ？

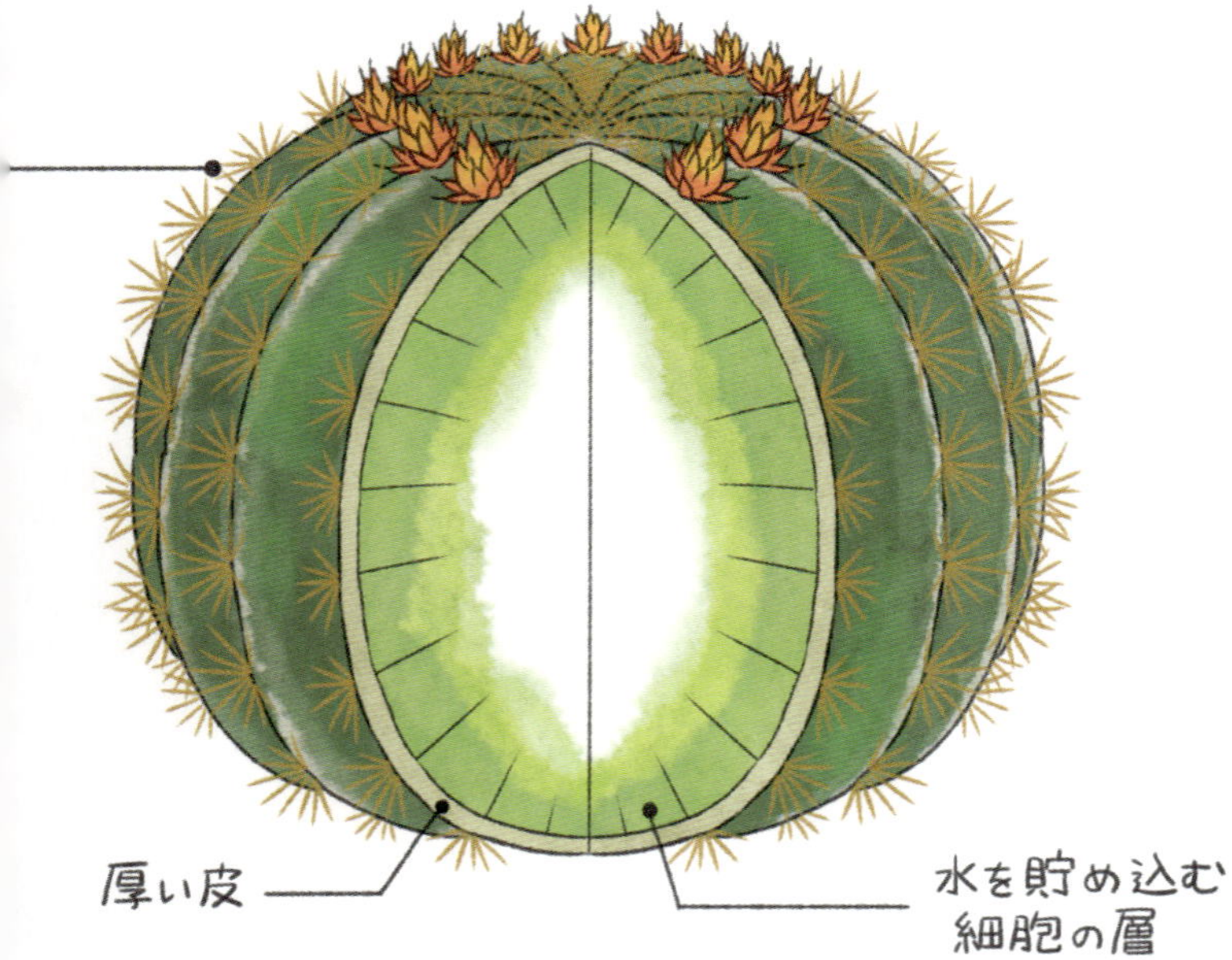

サボテンの構造

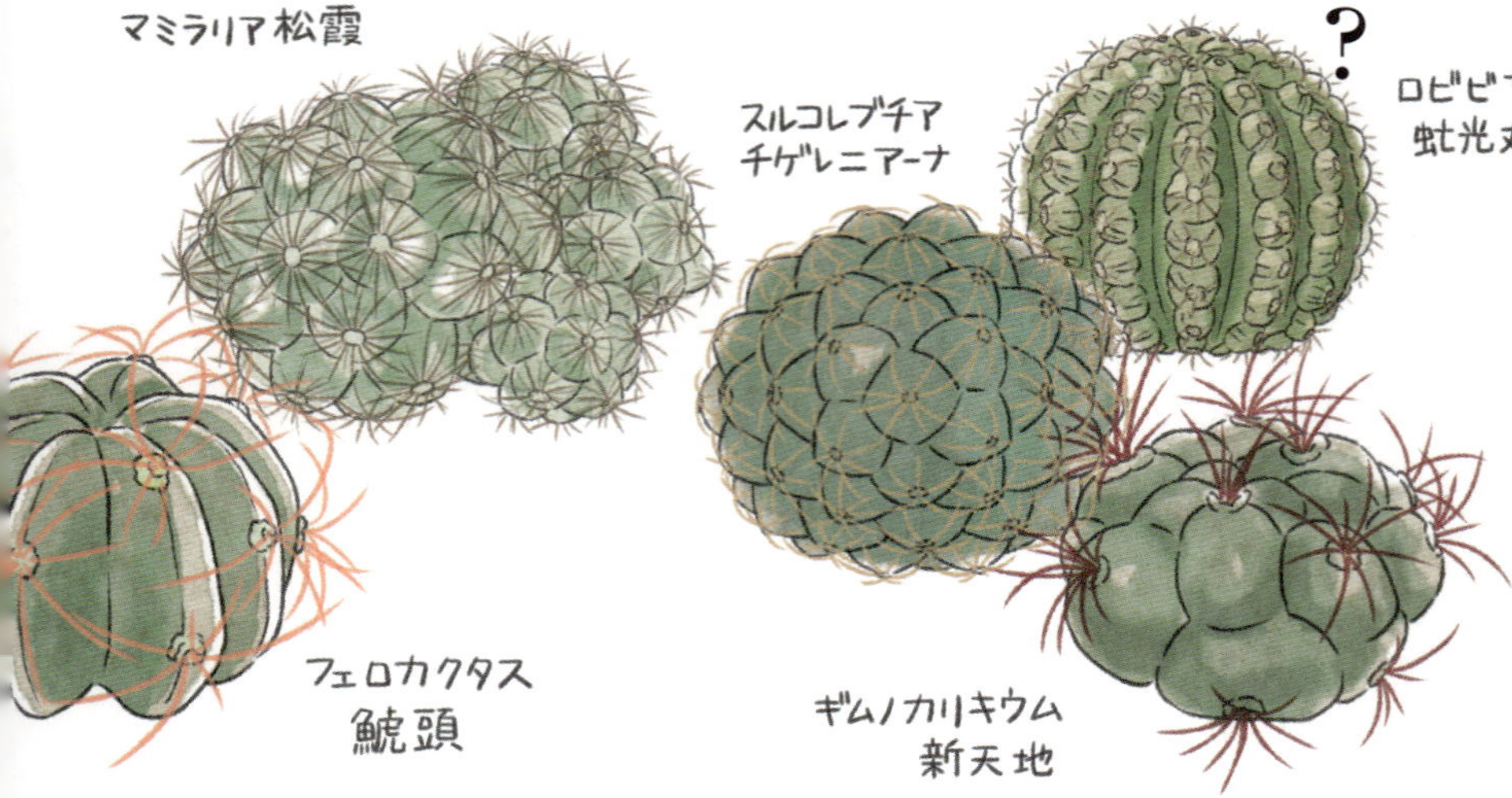

A

乾燥《かんそう》地帯《ちたい》でも生《い》きられるよう進化《しんか》したからです。

サボテンは雨《あめ》の少《すく》ない砂漠《さばく》や乾燥《かんそう》地帯《ちたい》にわざわざ生《は》えています。これは、サボテンの「戦略《せんりゃく》」なのです。植物《しょくぶつ》にとって水《みず》は必要不可欠《ひつようふかけつ》なもの。したがって、砂漠《さばく》や乾燥《かんそう》地帯《ちたい》を好《この》む植物《しょくぶつ》はほとんどいません。これはつまり、競争相手《きょうそうあいて》が少《すく》ないということを意味《いみ》します。サボテンはほかの植《しょく》物《ぶつ》との戦《たたか》いを避《さ》け、あえて乾燥《かんそう》という敵《てき》との戦《たたか》いを選《えら》んでいるのです。

サボテンのずんぐりとした形《かたち》は、貴重《きちょう》な水分《すいぶん》を少《すこ》しでも多《おお》く貯《た》めるための工夫《くふう》です。なお、トゲには食害《しょくがい》や太陽光《たいようこう》を防《ふせ》ぐ役割《やくわり》があります。また、砂漠《さばく》の植物《しょくぶつ》の中《なか》には、根《ね》を地中《ちちゅう》深《ふか》くまで伸《の》ばして地下水脈《ちかすいみゃく》を利用《りよう》するものや、根《ね》を浅《あさ》く広《ひろ》げて雨水《あまみず》をできるだけ多《おお》く吸収《きゅうしゅう》するものもあります。砂漠《さばく》で植物《しょくぶつ》が枯《か》れないのは、植《しょく》物《ぶつ》が進化《しんか》したからなのです。

植物《しょくぶつ》の寿命《じゅみょう》はどのくらい？

A

1年《ねん》から数千年《すうせんねん》と、種類《しゅるい》によってさまざまです。

植物《しょくぶつ》の中《なか》でも、いわゆる「木《き》」（木本《もくほん》）と呼《よ》ばれるものは何十年《なんじゅうねん》も何百年《なんびゃくねん》も生《い》きることができます。たとえば、アメリカのインヨー国立森《こくりつしん》林公園《りんこうえん》には、世界最古《せかいさいこ》の木《き》といわれるブリストルコーン・パインがあります。その樹齢《じゅれい》はなんと4700年《ねん》！　屋久島《やくしま》の縄文杉《じょうもんすぎ》の中《なか》にも樹齢《じゅれい》が数千年《すうせんねん》におよぶものが多《おお》くあり、7000年《ねん》を超《こ》すと伝《つた》えられているものもあるほどです。

一方《いっぽう》、「草《くさ》」（草本《そうほん》）の寿命《じゅみょう》はたった1年《ねん》から数年《すうねん》。ずいぶんと短命《たんめい》ですが、じつは、植物《しょくぶつ》は木《き》から草《くさ》へ、より短《みじか》い命《いのち》へと進化《しんか》しているのです。数千年《すうせんねん》生《い》きるよりも、短《みじか》い期間《きかん》で世《せ》代交代《だいこうたい》するほうが環境《かんきょう》や時代《じだい》の移《うつ》り変《か》わりに対応《たいおう》しやすく、生《い》き残《のこ》れる確率《かくりつ》が上《あ》がります。「木《き》」よりも「草《くさ》」がより進化《しんか》した形《かたち》なのです。

私《わたし》たちの生活《せいかつ》に使《つか》われている植物《しょくぶつ》、どんなものがある？

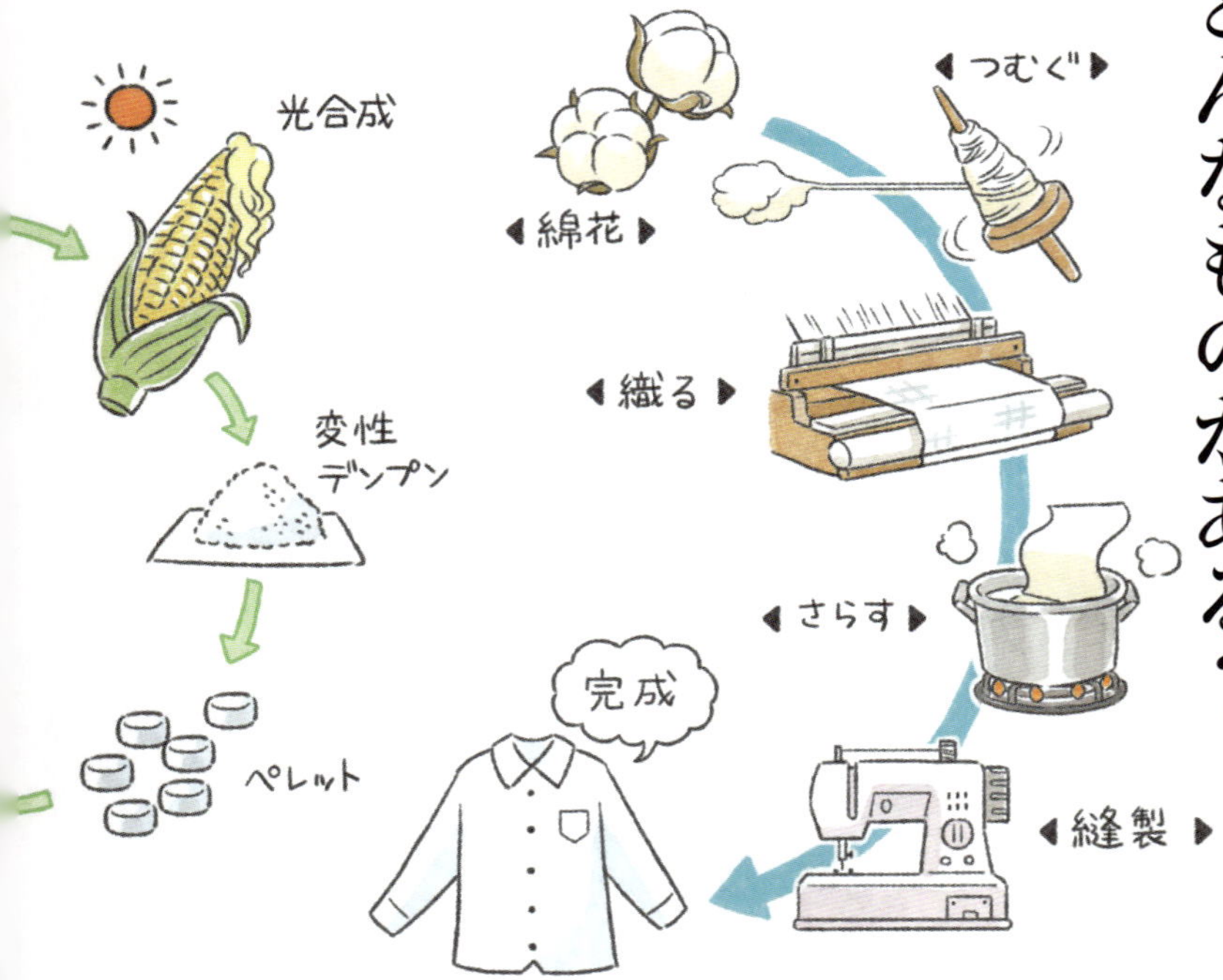

A　スギ、ヒノキ、イネ、トウモロコシなどたくさんあります。

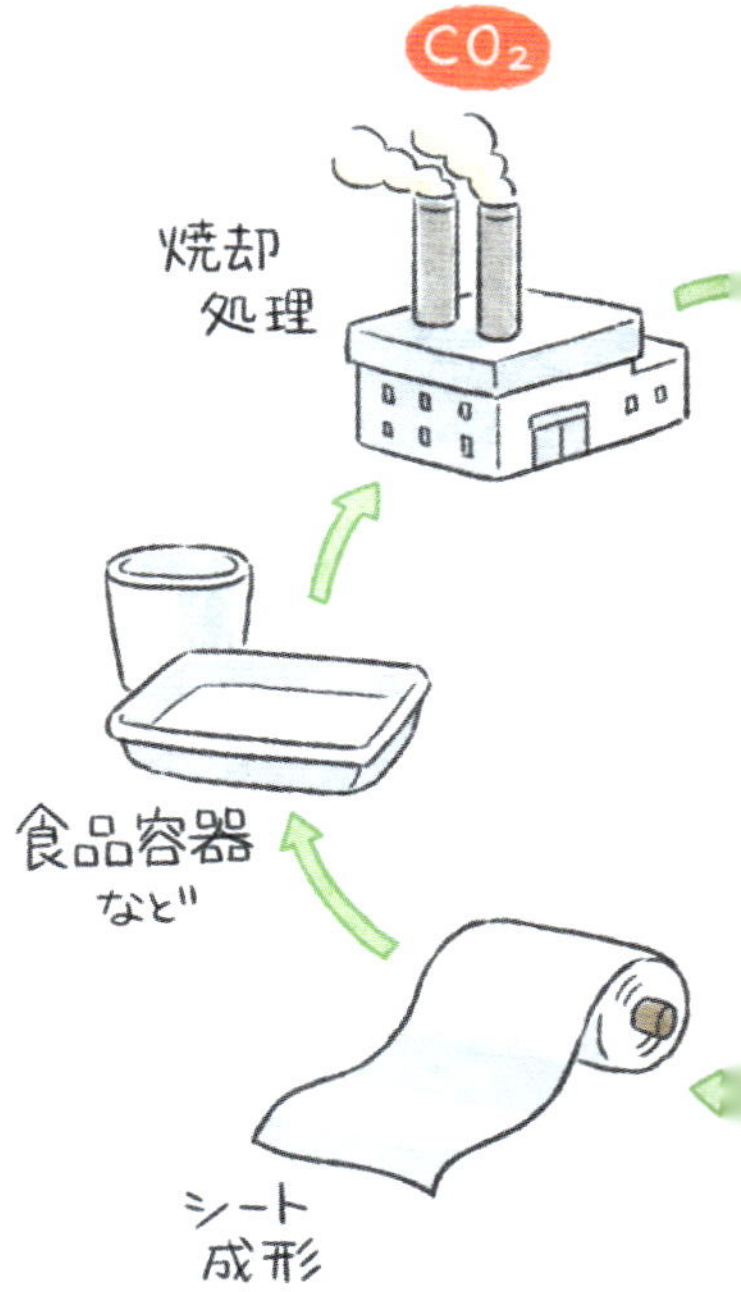

現在《げんざい》、化学物質《かがくぶっしつ》や石油《せきゆ》からさまざまなものをつくり出《だ》すことができますが、それでもやはり、植物《しょくぶつ》は私《わたし》たちの暮《く》らしに重要《じゅうよう》な役割《やくわり》を果《は》たしています。日本《にほん》の住宅《じゅうたく》の多《おお》くには、柱《はしら》や壁《かべ》、床《ゆか》、天井《てんじょう》などあらゆる場所《ばしょ》にスギ、ヒノキなどの木材《もくざい》が使《つか》われていますし、鉛筆《えんぴつ》の軸《じく》も木製《もくせい》です。Tシャツやジャージーに使《つか》われる木《も》綿《めん》（コットン）はアオイ科《か》の植物《しょくぶつ》のワタからとれる繊維《せんい》で、ご飯《はん》や味噌《みそ》、豆腐《とうふ》も原材料《げんざいりょう》は植物《しょくぶつ》です。

また、生分解性《せいぶんかいせい》プラスチックやバイオエタノールの原料《げんりょう》として近年注《きんねんちゅう》目《もく》されているトウモロコシは、あらゆる加工食品《かこうしょくひん》に含《ふく》まれています。人間《にんげん》の体《からだ》の4割《わり》はトウモロコシでつくられているという説《せつ》も。昔《むかし》も今《いま》も、植物《しょくぶつ》なしに私《わたし》たちの暮《く》らしは成《な》り立《た》たないといえるでしょう。

なぜ「青《あお》いバラ」はめずらしいの？

A バラには青《あお》い色《いろ》をつくる遺伝子《いでんし》がないからです。

はるか昔《むかし》からバラはその美《うつく》しさで人々《ひとびと》を魅了《みりょう》してきました。19世紀《せいき》には品種改良《ひんしゅかいりょう》が盛《さか》んになり、現在《げんざい》、バラの品種《ひんしゅ》は数万種《すうまんしゅ》にのぼるといわれています。

一方《いっぽう》で、青《あお》いバラは長《なが》く存在《そんざい》しませんでした。青《あお》い花《はな》を咲《さ》かせるためには青色色素《あおいろしきそ》を合成《ごうせい》できる遺伝子《いでんし》を持《も》っている必要《ひつよう》がありますが、バラは本来《ほんらい》、その遺伝子《いでんし》を持《も》っていないからです。青《あお》いバラの開発《かいはつ》は難《むずか》しく、「青《あお》いバラ」という言葉《ことば》は「不可能《ふかのう》」「存在《そんざい》しないもの」という意味《いみ》で使《つか》われるほどです。

しかし、2004年に日本《にほん》のサントリーが青《あお》いバラの開発《かいはつ》に成功《せいこう》。「世界初《せかいはつ》の青《あお》いバラの誕生《たんじょう》」として、大《おお》きな話題《わだい》となりました。

はじめに

植物《しょくぶつ》というのは、ずいぶんと変《か》わった生《い》き物《もの》です。

植物《しょくぶつ》は動《うご》くことがありません。私《わたし》たちのように走《はし》り回《まわ》ったり、しゃべったりすることはありません。食《た》べ物《もの》を食《た》べることもなければ、嬉《うれ》しがったり、悲《かな》しがったりすることもありません。

しかし、私《わたし》たちの身《み》の回《まわ》りを見渡《みわた》すと、そんな変《か》わった生《い》き物《もの》である植物《しょくぶつ》があふれています。

森《もり》にはたくさんの木々《きぎ》が茂《しげ》っています。花壇《かだん》にはたくさんの花《はな》が植《う》えられていますし、公園《こうえん》の芝生《しばふ》も植物《しょくぶつ》です。道《みち》ばたには小《ちい》さな雑草《ざっそう》が花《はな》を咲《さ》かせています。それだけではありません。私《わたし》たちが毎日《まいにち》食《た》べている、お米《こめ》や野菜《やさい》や果物《くだもの》も植物《しょくぶつ》ですし、私《わたし》たちが住《す》んでいる家《いえ》の柱《はしら》や畳《たたみ》も植物《しょくぶつ》が材料《ざいりょう》です。私《わたし》たちは、植物《しょくぶつ》に囲《かこ》まれて暮《く》らしているのです。

それにしても、植物《しょくぶつ》というものは、本当《ほんとう》に不思議《ふしぎ》な存在《そんざい》です。

植物《しょくぶつ》はどうして動《うご》かないのでしょうか？　どうして、さまざまな形《かたち》の花《はな》があるのでしょうか？　どうして葉《は》っぱは緑色《みどりいろ》なのでしょうか？　世界《せかい》にはどんな変《か》わった植物《しょくぶつ》があるのでしょう？

よくよく考《かんが》えてみると、不思議《ふしぎ》なことばかりです。植物《しょくぶつ》の世界《せかい》は、謎《なぞ》に満《み》ちているのです。

そんな植物《しょくぶつ》たちの不思議《ふしぎ》に迫《せま》るための、便利《べんり》な道具《どうぐ》があります。

それは「好奇心《こうきしん》」です。

かのウォルト・ディズニーは、「好奇心《こうきしん》があれば、いつだって新《あら》たな道《みち》に導《みちび》かれる」という言葉《ことば》を残《のこ》しています。好奇心《こうきしん》があると、今《いま》まで見慣《みな》れた風景《ふうけい》が、違《ちが》ったものに見《み》えてくるから不思議《ふしぎ》です。

花壇《かだん》に咲《さ》く花々《はなばな》、八百屋《やおや》さんに並《なら》んだ野菜《やさい》。ほら、植物《しょくぶつ》たちの不思議《ふしぎ》な世《せ》界《かい》が見《み》えてきませんか。たくさんの「？」と好奇心《こうきしん》を準備《じゅんび》したら、出発《しゅっぱつ》です！

さあ、そんな植物《しょくぶつ》の不思議《ふしぎ》に、「知識《ちしき》ゼロ」から、迫《せま》ってみることにしましょう。

稲垣栄洋《いながきひでひろ》

『知識《ちしき》ゼロからの植物《しょくぶつ》の不思議《ふしぎ》』もくじ

巻頭《かんとう》

春夏秋冬《しゅんかしゅうとう》の植物《しょくぶつ》を見《み》てみよう〜春《はる》〜……2

春夏秋冬《しゅんかしゅうとう》の植物《しょくぶつ》を見《み》てみよう〜夏《なつ》〜……4

春夏秋冬《しゅんかしゅうとう》の植物《しょくぶつ》を見《み》てみよう〜秋《あき》〜……6

春夏秋冬《しゅんかしゅうとう》の植物《しょくぶつ》を見《み》てみよう〜冬《ふゆ》〜……8

水辺《みずべ》が大好《だいす》きな植物《しょくぶつ》たち……10

さまざまな野菜《やさい》の花《はな》を見《み》てみよう……12

花《はな》はどうしていい香《かお》りがするの？……14

植物《しょくぶつ》は痛《いた》みを感《かん》じる？……16

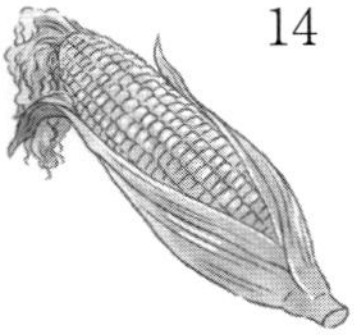

食虫植物《しょくちゅうしょくぶつ》はなぜ植物《しょくぶつ》なのに虫《むし》を食《た》べるの？……18

食虫植物《しょくちゅうしょくぶつ》はどうやって虫《むし》を捕《つか》まえているの？……20

なぜ水《みず》を根《ね》から吸収《きゅうしゅう》するだけで植物《しょくぶつ》は成長《せいちょう》できるのか？……22

モミジは赤《あか》く、イチョウが黄色《きいろ》くなるのはなぜ？……24

虫《むし》はどうやって花《はな》を選《えら》んでいるの？……26

変《か》わった方法《ほうほう》で種子《しゅし》を飛《と》ばす植物《しょくぶつ》はある？……28

南《みなみ》の島《しま》の花《はな》はなぜカラフル？……30

サクラはなぜいっせいに咲《さ》くの？……32

植物《しょくぶつ》のネーミング、面白《おもしろ》いものは？……34

毒草《どくそう》の見分《みわ》け方《かた》ってある？……36

季節《きせつ》によって葉《は》の色《いろ》が変《か》わるのはなぜ？……38

植物《しょくぶつ》はどうして散《ち》るの？……40

水《みず》が少《すく》ない砂漠《さばく》でもサボテンが枯《か》れないのはなぜ？……42
植物《しょくぶつ》の寿命《じゅみょう》はどのくらい？……44
私《わたし》たちの生活《せいかつ》に使《つか》われている植物《しょくぶつ》、どんなものがある？……46
なぜ「青《あお》いバラ」はめずらしいの？……48
はじめに……50

第《だい》1章《しょう》 美《うつく》しい花《はな》の計算高《けいさんだか》い話《はなし》

春《はる》に咲《さ》く花《はな》が多《おお》いのはなぜ？……58
色水《いろみず》を吸《す》うと花《はな》の色《いろ》が変《か》わるのはなぜ？……59
タケやササの花《はな》が咲《さ》くと不吉《ふきつ》って本当《ほんとう》？……60
種子《しゅし》の中《なか》をもっと知《し》りたい！……62
日本人《にほんじん》はなぜサクラが好《す》きなの？……64
ひな祭《まつ》り、なぜモモの花《はな》を飾《かざ》るの？……66
マツの木《き》にも花《はな》は咲《さ》くの？……68
サボテンにはなぜトゲがある？……69
球根《きゅうこん》はどうやってできる？……70
薬《くすり》になる植物《しょくぶつ》はある？……72
Column
植物《しょくぶつ》の誕生《たんじょう》が地球《ちきゅう》の環境《かんきょう》を変《か》えた……74

第《だい》2章《しょう》 草木《くさき》のしたたかな話《はなし》

葉《は》はなぜ緑色《みどりいろ》なのか？……76

植物《しょくぶつ》はなぜ動《うご》かない？……78

そもそも植物《しょくぶつ》ってなに？……79

四《よ》つ葉《ば》のクローバーはどうしてできる？……80

雑草《ざっそう》、抜《ぬ》いても抜《ぬ》いても生《は》えてくるのはなぜ？……81

木《き》はどこまで大《おお》きくなる？……82

1本《ぽん》の木《き》が吸収《きゅうしゅう》する二酸化炭素《にさんかたんそ》はどのくらいの量《りょう》？……83

なぜ松竹梅《しょうちくばい》といわれるのか？……84

植物《しょくぶつ》も絶滅《ぜつめつ》するの？……86

植物《しょくぶつ》はどうやって生《う》まれたの？……87

家紋《かもん》によく使《つか》われる植物《しょくぶつ》ってある？……88

植物《しょくぶつ》にもオスとメスがある？……90

植物《しょくぶつ》も暑《あつ》さ、寒《さむ》さを感《かん》じている？……91

植物《しょくぶつ》に声《こえ》をかけると変化《へんか》するって本当《ほんとう》？……92

植物《しょくぶつ》と恐竜《きょうりゅう》、どっちが強《つよ》い？……93

Column

チューリップが歴史《れきし》を変《か》えた!?……94

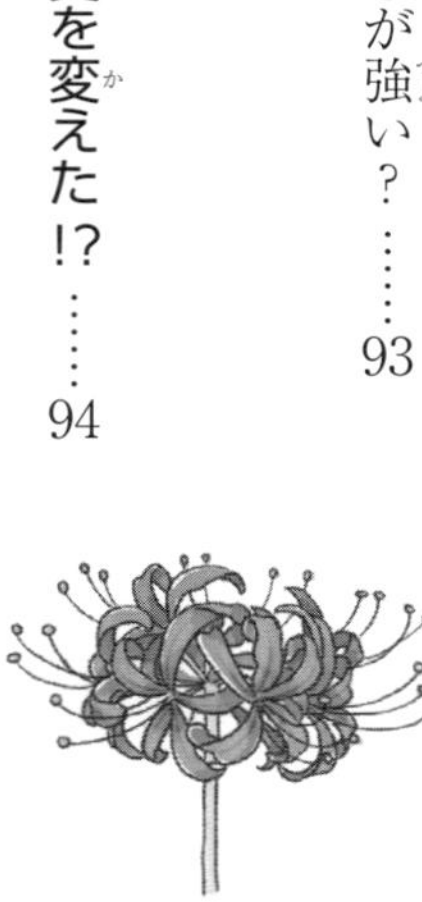

第《だい》3章《しょう》 私《わたし》たちの身近《みぢか》にあるムダがない植物図鑑《しょくぶつずかん》

チューリップはなぜ球根《きゅうこん》で育《そだ》てるの？……96

小学校《しょうがっこう》でアサガオを観察《かんさつ》するのはなぜ？……97

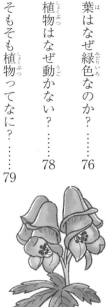

なぜタンポポという名前《なまえ》なの？……98
藤棚《ふじだな》はどうやってつくっているの？……99
母《はは》の日《ひ》にカーネーションを渡《わた》す由来《ゆらい》は？……100
バラのトゲはなんのためにある？……101
5月《がつ》5日《いつか》にショウブの花《はな》を飾《かざ》る理由《りゆう》は？……102
「アジサイとカタツムリ」の絵《え》はウソ？……103
ヒマワリが太陽《たいよう》のほうを向《む》くのはなぜ？……104
レンゲの雄《お》しべと雌《め》しべはどこにある？……105
ちょうちょうはなぜ葉《は》に止《と》まるの？……106
コスモスの花《はな》は宇宙《うちゅう》と関係《かんけい》がある？……107
ツバキの花《はな》はどうして首《くび》から落《お》ちるの？……108
ポインセチアが赤《あか》くなるのは花《はな》？　葉《は》？……109

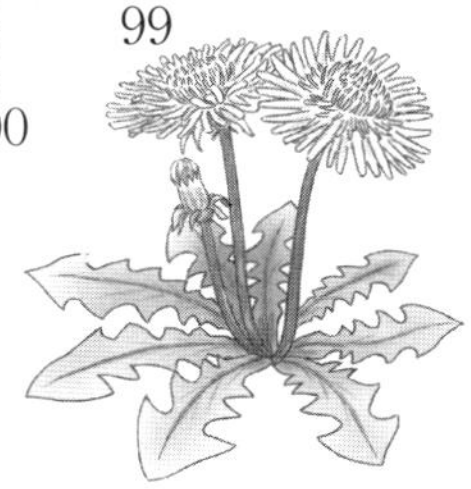

花《はな》の宰相《さいしょう》ってどんな花《はな》？……110
スイセンはうぬぼれ屋《や》？……111
なぜヒヤシンスは水栽培《みずさいばい》でも育《そだ》つの？……112
恋占《こいうらな》いにマーガレットを使《つか》うのはなぜ？……113
お寺《てら》でハスの花《はな》をよく見《み》るのはなぜ？……114
「なでしこジャパン」のなでしことは？……115
仏花《ぶっか》としてキクが使《つか》われるのはなぜ？……116
シクラメンの和名《わめい》は二《ふた》つある？……117
トマトはどうして赤《あか》い？……118
キャベツはなぜ丸《まる》くなるの？……119
レタスとキャベツは同《おな》じ仲間《なかま》なの？……120
ピーマンはなぜ中《なか》が空洞《くうどう》なの？……121

飾《かざ》りに使《つか》われるパセリに栄養《えいよう》はあるの？……122
レンコンに穴《あな》が空《あ》いているのはなぜ？……123
ジャガイモのイモの部分《ぶぶん》は根《ね》？　茎《くき》？……124
サツマイモを食《た》べるとおならが出《で》る？……125
白《しろ》ネギと青《あお》ネギ、どう違《ちが》う？……126
キュウリはなぜ曲《ま》がるのか？……127
ニンジンの表面《ひょうめん》にある横線《よこせん》はなに？……128
切《き》ったリンゴが茶色《ちゃいろ》になるのはなぜ？……129
イチゴの表面《ひょうめん》のつぶつぶの正体《しょうたい》は？……130
スイカのしましま模様《もよう》、意味《いみ》はある？……131
ねこじゃらしが夏《なつ》でも元気《げんき》な理由《りゆう》は？……132
カラスノエンドウにアリが多《おお》いのはなぜ？……133

オジギソウがおじぎをするのはなぜ？……134
ハート形《がた》のクローバーがある？……135
「ぺんぺん草《ぐさ》」と呼《よ》ぶのはなぜ？……136
歌詞《かし》によく出《で》てくる意外《いがい》な花《はな》はある？……137
ツワブキと「フキ」は関係《かんけい》がある？……138
踏《ふ》まれたくてたまらない植物《しょくぶつ》がある？……139
ヘビが食《た》べるイチゴがある？……140
「クズ」呼《よ》ばわりされる植物《しょくぶつ》がある？……141

おわりに……142

第《だい》1章《しょう》

美《うつく》しい花《はな》の計算高《けいさんだか》い話《はなし》

さまざまな形《かたち》や色《いろ》で私《わたし》たちを楽《たの》しませてくれる花《はな》。

「春《はる》に咲《さ》く花《はな》が多《おお》いのはなぜ？」「サボテンにはなぜトゲがある？」

じつは、花《はな》が美《うつく》しいのにはワケがある !?

第《だい》1章《しょう》では、そんな計算高《けいさんだか》い（？）花《はな》について見《み》ていきましょう。

春《はる》に咲《さ》く花《はな》が多《おお》いのはなぜ？

A 受粉《じゅふん》に都合《つごう》がよく、ライバルが少《すく》ないからです。

春《はる》に咲《さ》く花《はな》が多《おお》いのには、主《おも》に二《ふた》つの理由《りゆう》があります。一《ひと》つは、夏《なつ》の暑《あつ》い時期《じき》は虫《むし》の活動《かつどう》が鈍化《どんか》するためです。花粉《かふん》の運《はこ》び手《て》である虫《むし》は、春《はる》に活発《かっぱつ》に動《うご》きます。その時期《じき》に咲《さ》いたほうが受粉《じゅふん》には好都合《こうつごう》。したがって、春《はる》を選《えら》んで咲《さ》く花《はな》が多《おお》いのです。

もう一《ひと》つは競争《きょうそう》を避《さ》けるため。ご存《ぞん》じの通《とお》り、植物《しょくぶつ》は光合成《こうごうせい》によって成長《せいちょう》します。光《ひかり》が強《つよ》ければ強《つよ》いほど光合成量《こうごうせいりょう》が高《たか》まるので、植物《しょくぶつ》は本来《ほんらい》、夏《なつ》が大好《だいす》きです。そのため夏《なつ》は植物《しょくぶつ》同士《どうし》の競争《きょうそう》が激《はげ》しくなります。春《はる》に開花《かいか》するのは、この夏《なつ》の競争《きょうそう》に勝《か》てそうもない植物《しょくぶつ》たち。春《はる》に咲《さ》く花《はな》はか弱《よわ》く、夏《なつ》に咲《さ》く花《はな》は強者《きょうしゃ》なのです。

色水《いろみず》を吸《す》うと花《はな》の色《いろ》が変《か》わるのはなぜ？

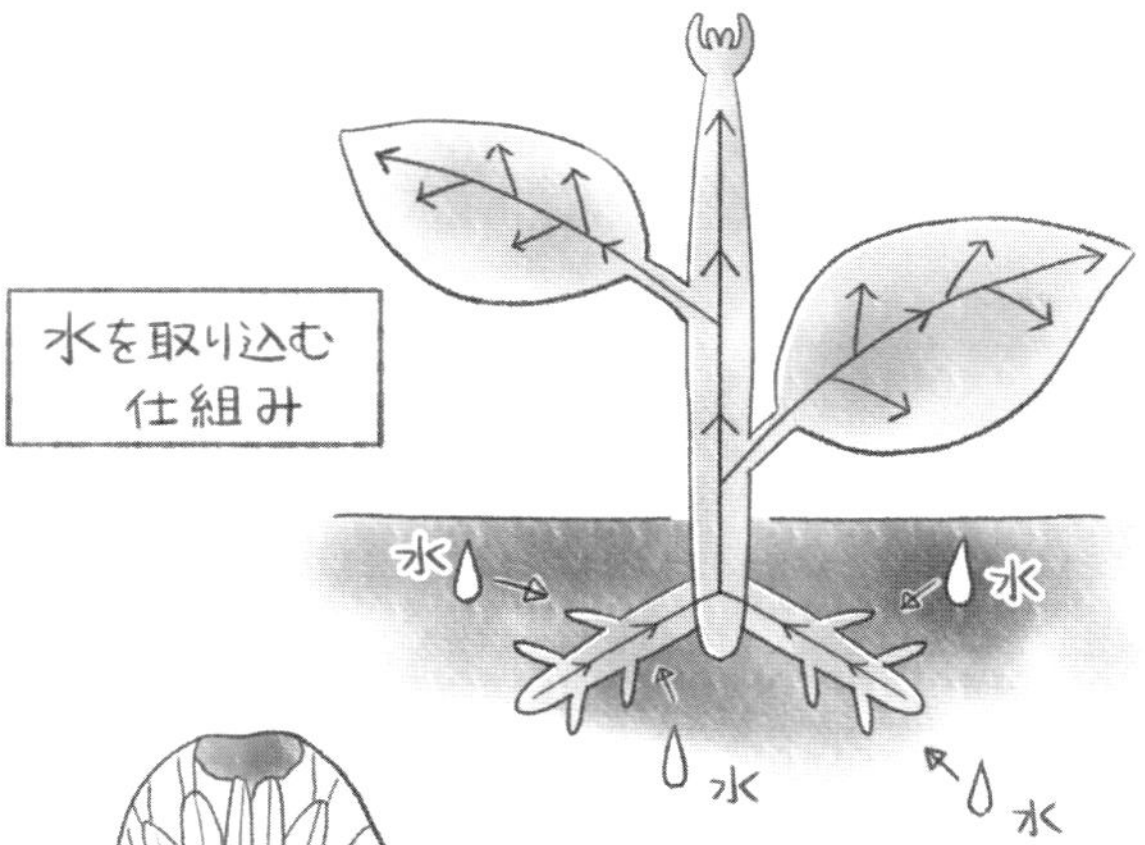

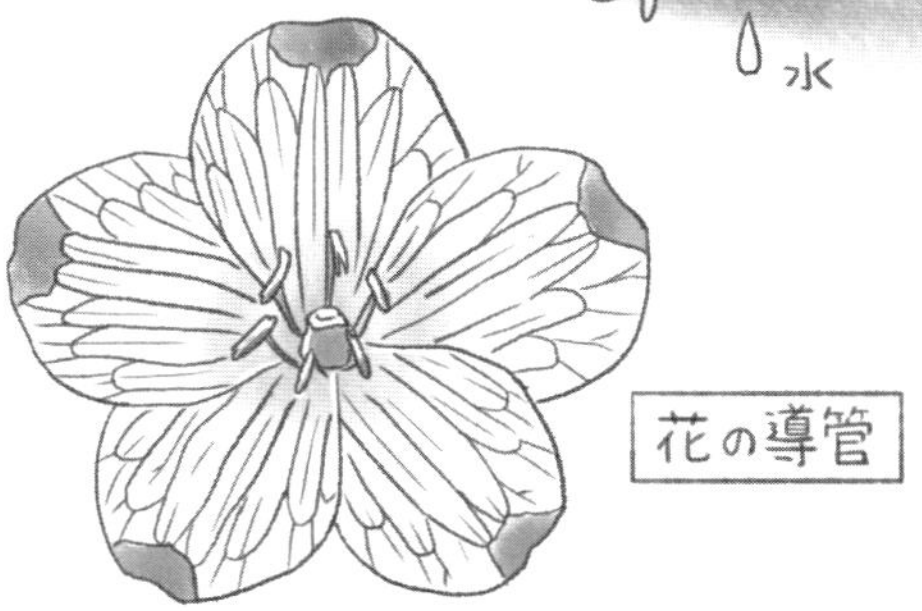

A 水《みず》の通《とお》り道《みち》が、茎《くき》から花《はな》びらまでつながっているからです。

お花屋《はなや》さんで、七色《なないろ》に染《そ》まったバラの花《はな》を見《み》たことはありませんか？あれは、白《しろ》いバラに特殊《とくしゅ》な液体《えきたい》を吸《す》わせて着色《ちゃくしょく》しているのです。

植物《しょくぶつ》の水《みず》の通《とお》り道《みち》を導管《どうかん》といいます。導管《どうかん》は根《ね》から茎《くき》、葉《は》、花《はな》びらへとつながっていて、花《はな》びらでは毛細《もうさい》血管《けっかん》のように細《こま》かく分《わ》かれています。切《き》り花《ばな》を色水《いろみず》につけると、色水《いろみず》は導管《どうかん》を通《とお》って上《あ》がっていきます。やがて花《はな》びらに達《たっ》すると、花《はな》びらの細胞内《さいぼうない》に取《と》り込《こ》まれて色《いろ》が変《か》わるのです。なお、色水《いろみず》は食紅《しょくべに》のように、分子《ぶんし》が小《ちい》さいものでつくるのが成功《せいこう》の秘訣《ひけつ》。水彩絵《すいさいえ》の具《ぐ》などの分子《ぶんし》が大《おお》きいものは導管《どうかん》を通《とお》ることができず、花《はな》が染《そ》まりません。

タケやササの花《はな》が咲《さ》くと不吉《ふきつ》って本当《ほんとう》？

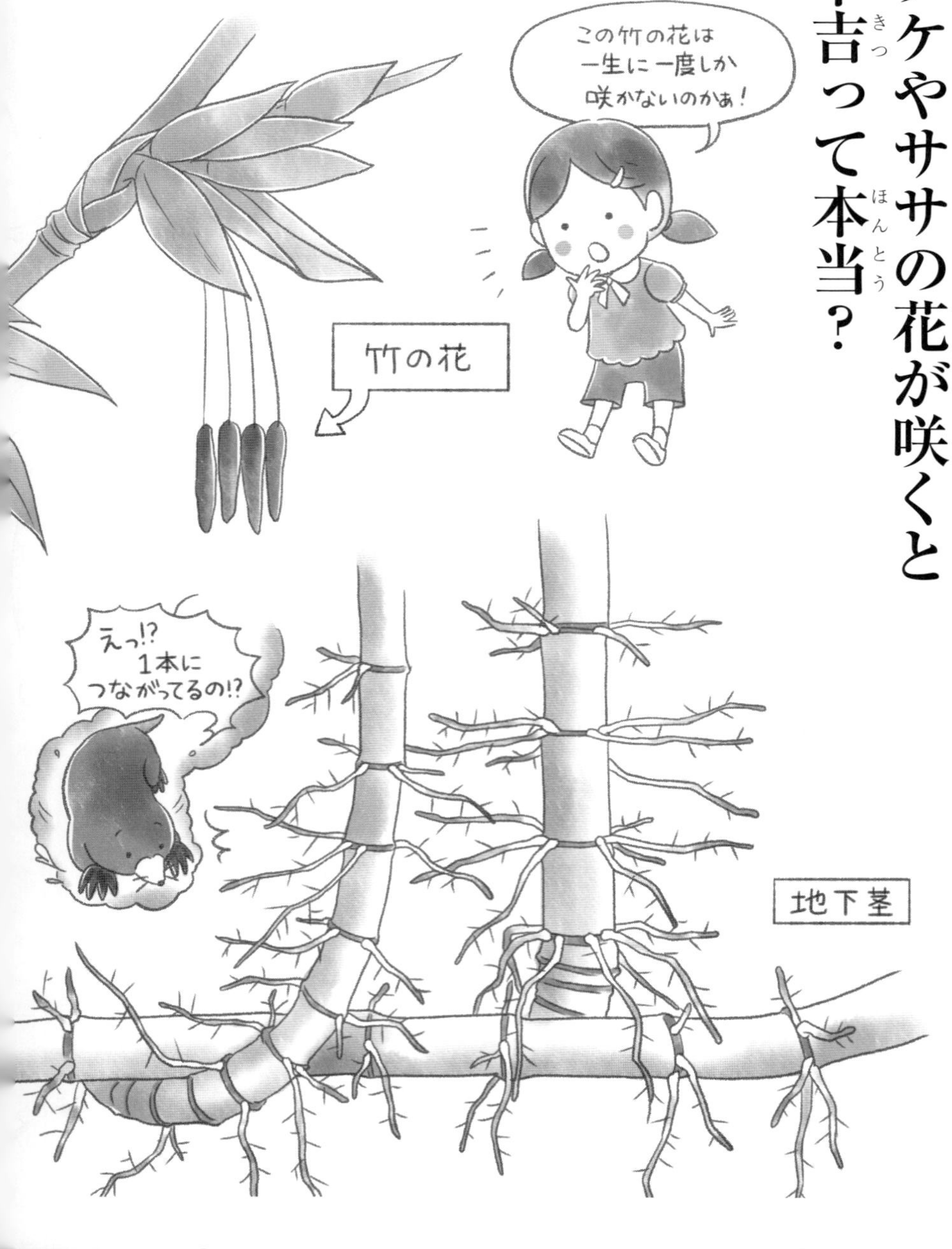

A 昔《むかし》はタケやササの花《はな》が咲《さ》いた後《あと》に、大飢饉《だいききん》が起《お》きていました。

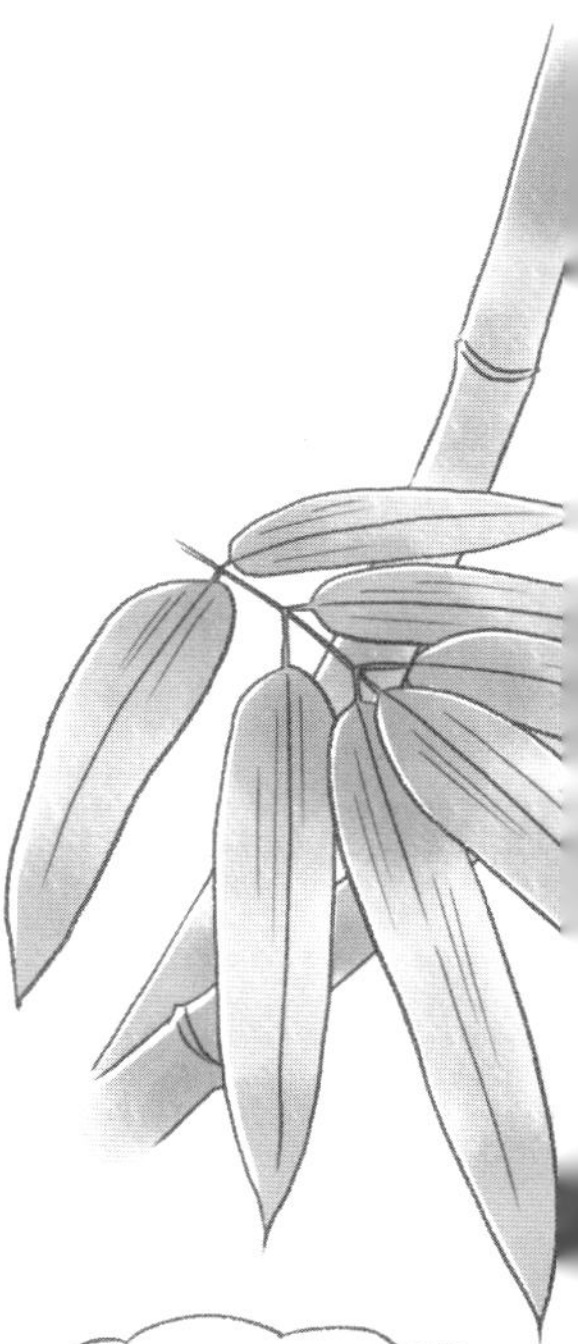

タケやササは、何十年《なんじゅうねん》、あるいは百数十年《ひゃくすうじゅうねん》に一度《いちど》だけ花《はな》を咲《さ》かせ、その後《ご》、いっせいに枯《か》れます。めったに咲《さ》かない花《はな》が咲《さ》き、さらに、竹林《ちくりん》や笹原全体《ささはらぜんたい》が枯《か》れてしまう。この光《こう》景《けい》を昔《むかし》の人《ひと》は不気味《ぶきみ》に思《おも》い、「タケやササの花《はな》が咲《さ》くのは悪《わる》いことが起《お》きる前兆《ぜんちょう》だ」というようになったのでしょう。

じつは、タケやササは一本一本《いっぽんいっぽん》独《どく》立《りつ》しているように見《み》えて地下茎《ちかけい》でつながっています。つまり、いっせいに枯《か》れるのではなく、一本《いっぽん》のタケやササが枯《か》れただけなのです。ただ、タケやササが花《はな》を咲《さ》かせて種子《しゅし》をつけると、それをエサにネズミが爆発《ばくはつ》的《てき》に増《ふ》え、農作物《のうさくもつ》を食《た》べ荒《あ》らし、やがて大飢饉《だいききん》を引《ひ》き起《お》こします。タケやササの花《はな》が咲《さ》くのは不吉《ふきつ》だというのも、あながち迷信《めいしん》とはいえません。

種子《しゅし》の中《なか》をもっと知《し》りたい！

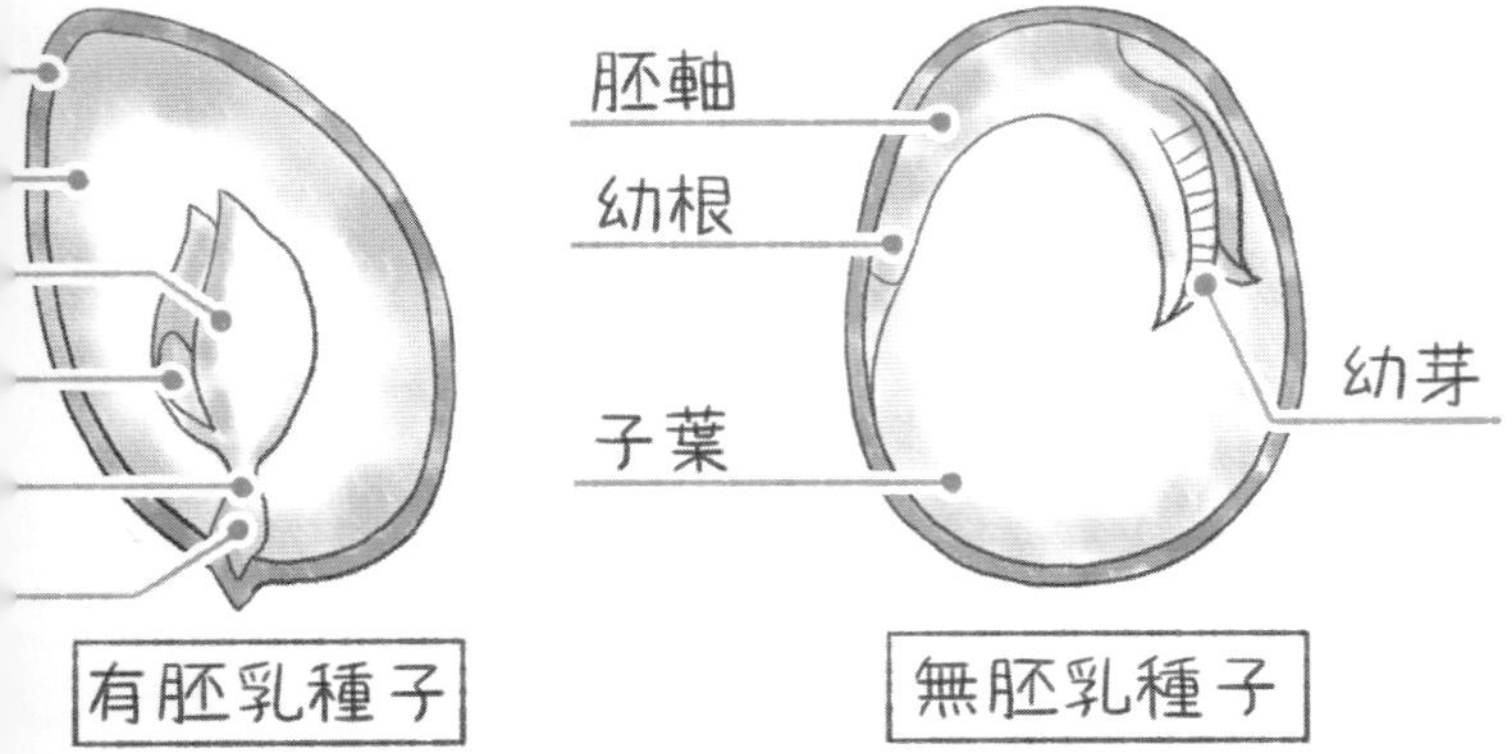

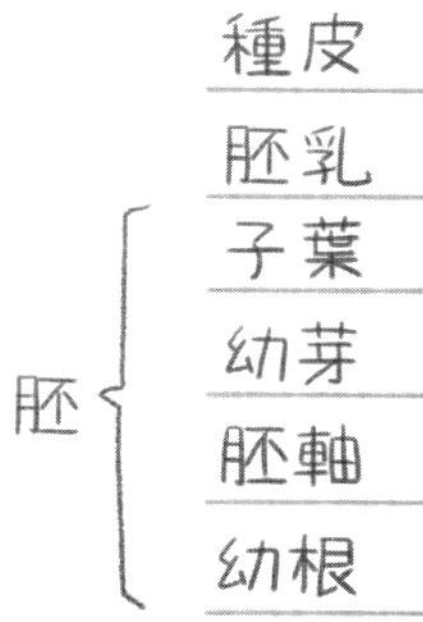

A 胚《はい》、胚乳《はいにゅう》、種皮《しゅひ》からできています。

植物《しょくぶつ》の種子《しゅし》は一般《いっぱん》に、胚《はい》、胚乳《はいにゅう》、種皮《しゅひ》からできています。胚《はい》は、植物《しょくぶつ》のもとになる部分《ぶぶん》。いわば赤《あか》ちゃんです。胚乳《はいにゅう》は胚《はい》の栄養分《えいようぶん》で、赤《あか》ちゃんのミルクに相当《そうとう》します。種皮《しゅひ》は、文字通《もじどお》り、胚《はい》と胚乳《はいにゅう》を守《まも》る皮《かわ》です。

私《わたし》たちが普段《ふだん》食《た》べているお米《こめ》はイネの種子《しゅし》です。玄米《げんまい》は胚《はい》と胚乳《はいにゅう》の部《ぶ》分《ぶん》を、白米《はくまい》は胚乳《はいにゅう》の部分《ぶぶん》だけを食《た》べます。つまり、白米《はくまい》を食《た》べるということは、イネの赤《あか》ちゃんのミルクをもらっていることになるのです。

イネの胚乳《はいにゅう》の成分《せいぶん》は主《おも》に炭水化物《たんすいかぶつ》です。イネは炭水化物《たんすいかぶつ》をエネルギー源《げん》として芽《め》を出《だ》します。一方《いっぽう》、ダイズの主《おも》なエネルギー源《げん》はたんぱく質《しつ》で、ナタネ、ゴマ、トウモロコシなどは発芽《はつが》のエネルギーとして脂質《ししつ》を多《おお》く蓄《たくわ》えています。ナタネやゴマが油《あぶら》となるのはこのためです。

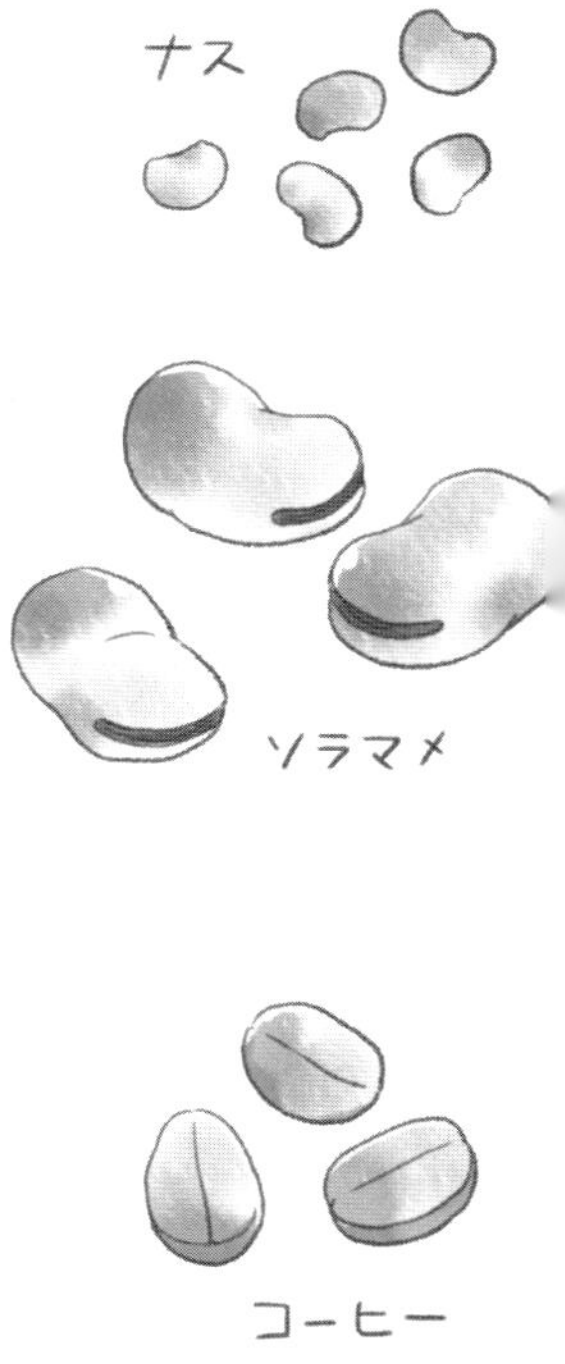

日本人《にほんじん》はなぜサクラが好《す》きなの？

A「サクラ」は「田《た》の神《かみ》が降《お》りてくる木《き》」。日本人《にほんじん》にとって特別《とくべつ》な花《はな》なのです。

一説《いっせつ》によると、「サクラ」の語源《ごげん》は、「田《た》の神《かみ》が降《お》りてくる木《き》」だそうです。古代《こだい》、人々《ひとびと》は春《はる》になると神《かみ》の依《より》代《しろ》であるサクラの下《した》に集《つど》い、豊作《ほうさく》を祈《いの》り飲《の》んだり歌《うた》ったりしていました。これが花見《はなみ》の始《はじ》まり。サクラを愛《め》で、お花見《はなみ》を好《この》む日本人《にほんじん》の心《こころ》は、先《せん》祖代々《ぞだいだい》受《う》け継《つ》がれたものなのです。

ちなみに、私《わたし》たちが普段目《ふだんめ》にするサクラはソメイヨシノです。ソメイヨシノは、エドヒガン系《けい》のサクラとオオシマザクラの交配《こうはい》によって生《う》まれたとされています。ソメイヨシノは、ほかのサクラと違《ちが》って葉《は》が出《で》る前《まえ》に花《はな》が咲《さ》きます。その花《はな》は大《おお》きく数《かず》も多《おお》い。また、接《つ》ぎ木《き》によって増《ふ》やされたいわばクローンなので、いっせいに咲《さ》いていっせいに散《ち》ります。この華《はな》やかさと潔《いさぎよ》さも、私《わたし》たちがサクラに惹《ひ》かれる理由《りゆう》かもしれません。

カンザクラ

コブクザクラ

ひな祭《まつ》り、なぜモモの花《はな》を飾《かざ》るの？

A モモには悪《わる》いものを追《お》い払《はら》う力《ちから》があると考《かんが》えられていたからです。

モモの中心《ちゅうしん》にある茶色《ちゃいろ》くて硬《かた》いタネのようなものは、じつは、種子《しゅし》ではありません。正式《せいしき》には「核《かく》」といい、核《かく》の中《なか》にある「仁《じん》」（桃仁《とうにん》と呼《よ》びます）が種子《しゅし》なのです。

桃仁《とうにん》には薬効《やっこう》があり、昔《むかし》からモモは邪気《じゃき》を払《はら》う霊木《れいぼく》とされてきました。中国《ちゅうごく》の古書《こしょ》『神農本草経《しんのうほんぞうきょう》』には、モモの種子《しゅし》には百鬼《ひゃっき》を殺《ころ》す力《ちから》があるとあります。日本《にほん》の神話《しんわ》が記《しる》されている『古事記《こじき》』にも、イザナギノミコトがモモを投《な》げて鬼《おに》を追《お》い払《はら》う場面《ばめん》があります。鬼退治伝説《おにたいじでんせつ》で有名《ゆうめい》な桃太郎《ももたろう》が、ウメでもミカンでもカキでもなくモモから生《う》まれたのには、このような理由《りゆう》があったのです。

ひな祭《まつ》りにモモの花《はな》を飾《かざ》ったり、モモのお酒《さけ》を飲《の》んだりするのも同《おな》じ。そこには、娘《むすめ》が元気《げんき》に育《そだ》つようにという家族《かぞく》の願《ねが》いが込《こ》められています。

マツの木《き》にも花《はな》は咲《さ》くの？

A 花《はな》びらもガクもない花《はな》を咲《さ》かせます。

花《はな》は種子《しゅし》をつくるための器官《きかん》です。つまり、種子《しゅし》をつくって増《ふ》える「種《しゅ》子《し》植物《しょくぶつ》」と呼《よ》ばれる種類《しゅるい》の植物《しょくぶつ》は、必《かなら》ず花《はな》を咲《さ》かせます。ただ、花《はな》といってもさまざまな形態《けいたい》があり、花《はな》びら（弁《べん》）をつけるものもあれば、つけないものもあります。たとえば、マツの花《はな》は花《はな》びらもガクもありません。「小《ちい》さなラグビーボール」と形容《けいよう》される小《ちい》さな塊《かたまり》がマツの花《はな》なのです。

スギやイチョウも同《おな》じように花《はな》びらもガクもない花《はな》を咲《さ》かせます。イネの花《はな》も一般的《いっぱんてき》な花《はな》のイメージとはちょっと違《ちが》っています。夏《なつ》に稲穂《いなほ》をよく見《み》てみると、緑色《みどりいろ》の粒《つぶ》のようなものがたくさんついています。じつは、これがイネの花《はな》なのです。

サボテンにはなぜトゲがある？

A 乾燥《かんそう》や動物《どうぶつ》から身《み》を守《まも》るためです。

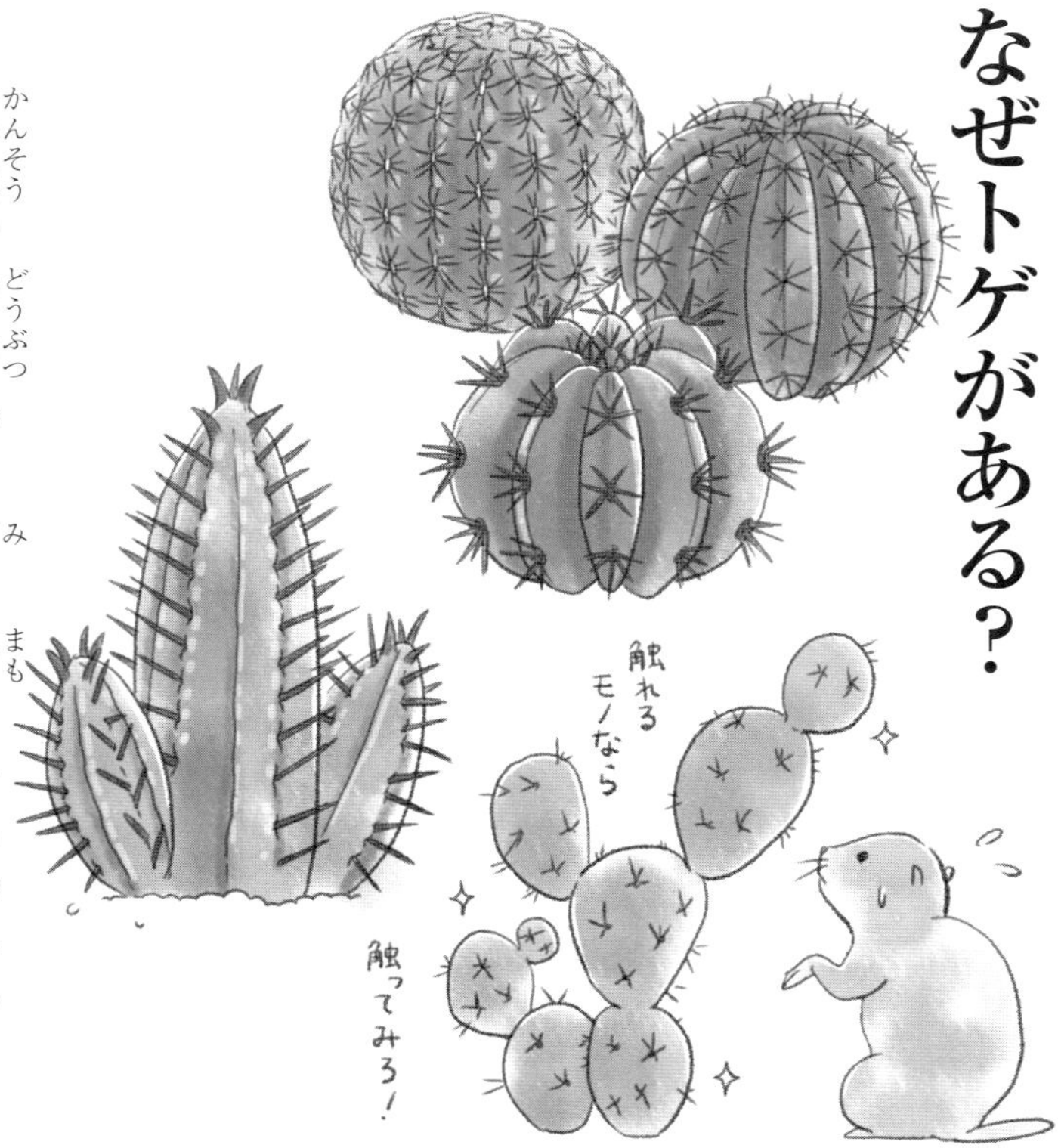

サボテンのトゲは葉《は》が変化《へんか》したものです。サボテンが生息《せいそく》する乾燥《かんそう》地帯《たい》では水《みず》は貴重品《きちょうひん》。葉《は》を広《ひろ》げていると表面《ひょうめん》から貴重《きちょう》な水《みず》が蒸発《じょうはつ》していってしまいます。そこで、トゲのように細《ほそ》く変化《へんか》させて葉《は》の表面積《ひょうめんせき》を最小《さいしょう》にし、水《みず》の蒸発《じょうはつ》をできるだけ防《ふせ》いでいるのです。

また、乾燥地帯《かんそうちたい》には草食動物《そうしょくどうぶつ》のエサとなる植物《しょくぶつ》が少《すく》なく、サボテンは格好《かっこう》のターゲットとなります。しかも、水《みず》が少《すく》ない環境《かんきょう》では、食《た》べられた茎《くき》や葉《は》をすぐに再生《さいせい》することもできません。トゲは動物《どうぶつ》たちの食害《しょくがい》から身《み》を守《まも》る役目《やくめ》も担《にな》っているのです。

このほか、サボテンのトゲには茎《くき》の温度《おんど》を下《さ》げる働《はたら》きもあります。

球根《きゅうこん》はどうやってできる？

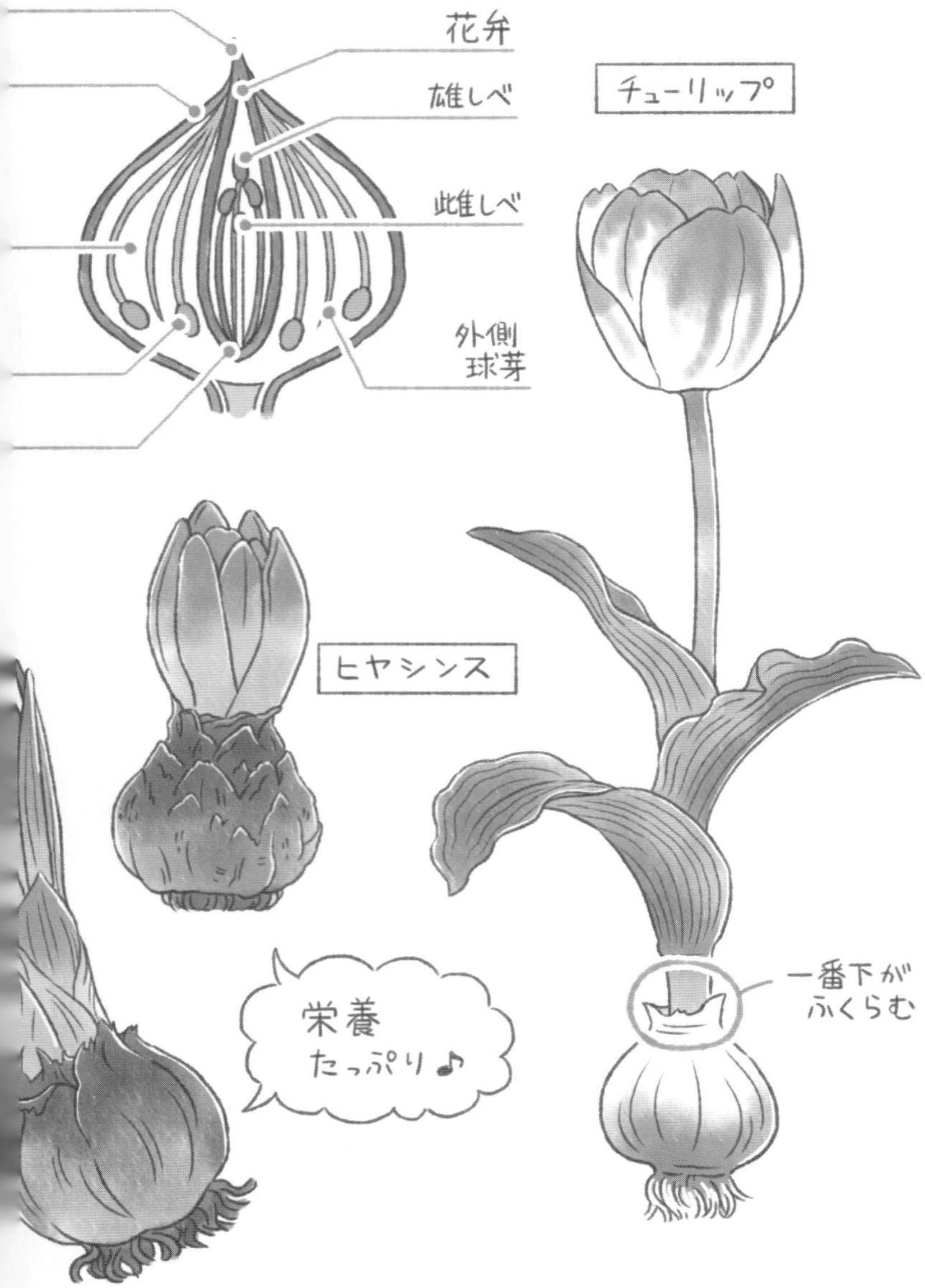

A 葉《は》や茎《くき》、地下茎《ちかけい》などが肥大化《ひだいか》して球根《きゅうこん》ができます。

球根《きゅうこん》は、植物《しょくぶつ》の種類《しゅるい》によってできる場所《ばしょ》や形《かたち》が違《ちが》います。たとえばチューリップは、花《はな》が咲《さ》き終《お》わって葉《は》だけになると、地面《じめん》の下《した》にある葉《は》の一番下《いちばんした》がふくらんで球根《きゅうこん》になります。チューリップの多《おお》くは1本《ぽん》の茎《くき》に3枚《まい》の葉《は》をつけるので、球根《きゅうこん》は三《みっ》つできることになります。このように葉《は》が球根《きゅうこん》になるタイプを鱗茎《りんけい》と呼《よ》び、ヒヤシンス、スイセン、アマリリス、ユリ、タマネギも同《おな》じ仲間《なかま》です。

クロッカス、グラジオラス、フリージアなどの球根《きゅうこん》は茎《くき》が肥大化《ひだいか》したものので、これを球茎《きゅうけい》といいます。このほか、茎《くき》が短縮《たんしゅく》して肥大化《ひだいか》した塊茎《かいけい》、地下茎全体《ちかけいぜんたい》が肥大化《ひだいか》した根茎《こんけい》、肥大《ひだい》した根《ね》が塊状《かいじょう》となる塊根《かいこん》があります。いずれの球根《きゅうこん》も、厳《きび》しい環境《かんきょう》にも耐《た》えられるよう養分《ようぶん》をたっぷり蓄《たくわ》えているという点《てん》では同《おな》じです。

クロッカス

薬《くすり》になる植物《しょくぶつ》はある？

A たくさんあります。ただし、薬草《やくそう》と毒草《どくそう》は表裏一体《ひょうりいったい》です。

植物《しょくぶつ》の中《なか》には薬《くすり》になるものもたくさんあります。たとえば、風邪薬《かぜぐすり》として知られる「葛根湯《かっこんとう》」にはクズ（葛《くず》）の根《ね》が配合《はいごう》されていて、発汗《はっかん》や解熱作用《げねつさよう》があります。ほかにも、イチイの樹皮《じゅひ》や葉《は》からは、抗《こう》がん剤《ざい》の成分《せいぶん》が抽出《ちゅうしゅつ》できます。

ただし、毒《どく》と薬《くすり》は紙一重《かみひとえ》。それを教《おし》えてくれるのが、夏《なつ》から秋《あき》にかけて白《しろ》い花《はな》を咲《さ》かせるチョウセンアサガオです。チョウセンアサガオはアルカロイドという毒性物質《どくせいぶっしつ》を持《も》ち、誤《あやま》って口《くち》にすると神経《しんけい》が錯乱《さくらん》します。しかし同時《どうじ》に、アルカロイドには副《ふく》交感神経《こうかんしんけい》を麻痺《まひ》させる作用《さよう》があります。江戸時代《えどじだい》の医者《いしゃ》・華岡青洲《はなおかせいしゅう》は、このチョウセンアサガオなどを使《つか》って世界初《せかいはつ》の麻酔手術《ますいしゅじゅつ》に成功《せいこう》しました。人間《にんげん》は昔《むかし》から、植物《しょくぶつ》の成分《せいぶん》を巧《たく》みに利用《りよう》してきたのです。

Column

植物《しょくぶつ》の誕生《たんじょう》が地球《ちきゅう》の環境《かんきょう》を変《か》えた

はるか昔《むかし》、地球《ちきゅう》に酸素《さんそ》はほとんどなく、大気《たいき》は二酸化炭素《にさんかたんそ》で占《し》められていました。しかし、ご存《ぞん》じのとおり、現在《げんざい》の地球《ちきゅう》には酸素《さんそ》があり、人間《にんげん》を含《ふく》む多《おお》くの動物《どうぶつ》は酸素《さんそ》を吸《す》って生《い》きています。酸素《さんそ》のない地球《ちきゅう》を、酸素《さんそ》がある地球《ちきゅう》へと変《か》えた存在《そんざい》こそが植物《しょくぶつ》です。

植物《しょくぶつ》は、光合成《こうごうせい》を行《おこな》って二酸化炭素《にさんかたんそ》と水《みず》からエネルギーを作《つく》り出《だ》し、酸素《さんそ》を放出《ほうしゅつ》します。そのため、植物《しょくぶつ》が増《ふ》えるにつれて大気中《たいきちゅう》の酸素《さんそ》も増《ふ》えていきました。その結果《けっか》、植物《しょくぶつ》が誕生《たんじょう》するまで生息《せいそく》していた、酸素《さんそ》を必要《ひつよう》としない微生物《びせいぶつ》の多《おお》くは死滅《しめつ》してしまったのです。何《なん》とか生《い》き残《のこ》った微生物《びせいぶつ》たちも、地中《ちちゅう》や深海《しんかい》など、酸素《さんそ》のない環境《かんきょう》に移《うつ》り住《す》むほかありませんでした。

植物《しょくぶつ》が放出《ほうしゅつ》した酸素《さんそ》は、やがてオゾン層《そう》を形成《けいせい》します。オゾン層《そう》のおかげで地球《ちきゅう》に降《ふ》り注《そそ》ぐ有害《ゆうがい》な紫外線《しがいせん》が遮断《しゃだん》されるようになると、紫外線《しがいせん》を避《さ》けて海《うみ》の中《なか》で生《い》きていた植物《しょくぶつ》が、地上《ちじょう》に進出《しんしゅつ》を始《はじ》めました。こうして地球《ちきゅう》は、数《かぞ》え切《き》れないほどの植物《しょくぶつ》が生息《せいそく》する、〝緑《みどり》あふれる地球《ちきゅう》〟となったのです。自分《じぶん》たちに都合《つごう》のよいように地球環境《ちきゅうかんきょう》を変《か》えてきた植物《しょくぶつ》は、優《すぐ》れた〝戦略家《せんりゃくか》〟といえるでしょう。

第《だい》2章《しょう》

草木《くさき》のしたたかな話《はなし》

森林浴《しんりんよく》などで私《わたし》たちを癒《いや》してくれる草木《くさき》。
でも、草木《くさき》は私《わたし》たち人間《にんげん》のために
存在《そんざい》しているわけではありません。
草木《くさき》はしたたかに生《い》き残《のこ》るための工夫《くふう》を凝《こ》らしています。
第《だい》2章《しょう》では、草木《くさき》の謎《なぞ》に迫《せま》っていきます。

葉《は》はなぜ緑色《みどりいろ》なのか？

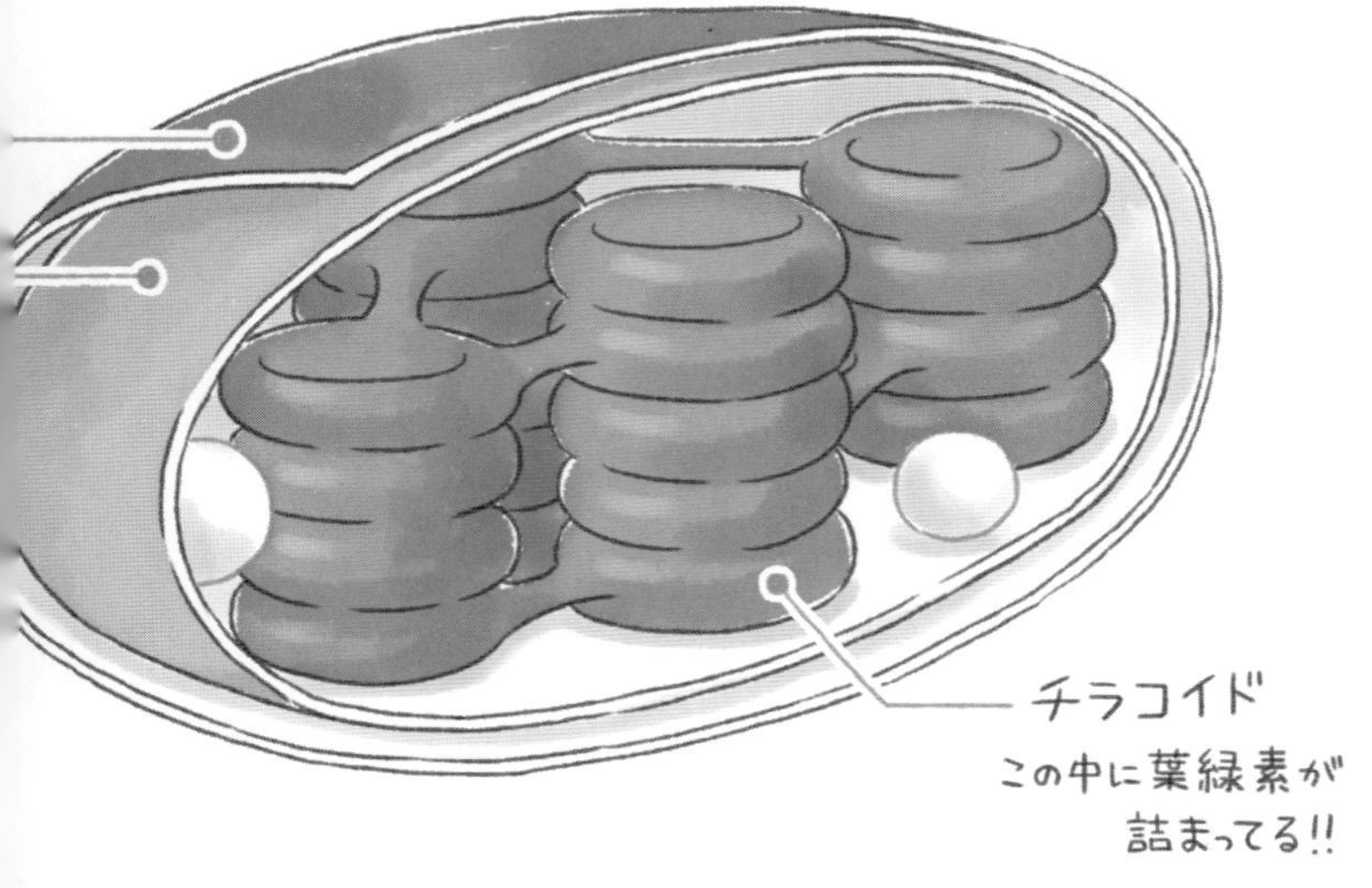
チラコイド
この中に葉緑素が
詰まってる!!

葉緑素って
こんなにびっしり！
だから緑色に
見えるのかぁ
顕微鏡での
観察イメージ

A 葉緑素《ようりょくそ》という緑色《みどりいろ》の色素《しきそ》が入《はい》っているからです。

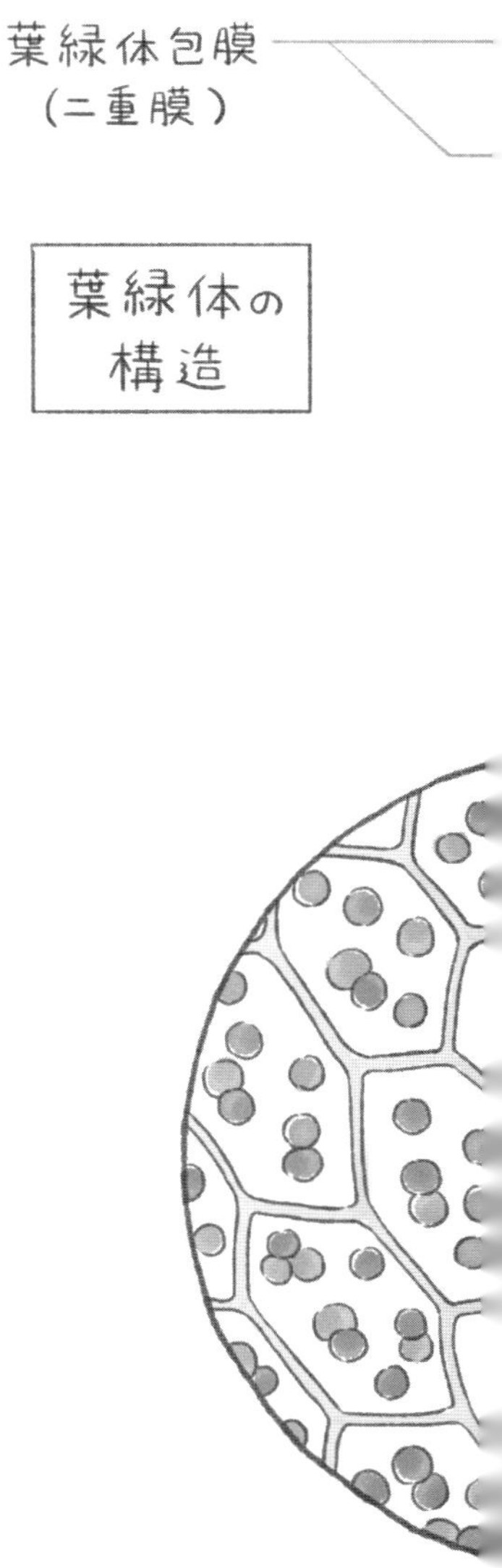

植物《しょくぶつ》の葉《は》の中《なか》には葉緑体《ようりょくたい》があります。そして、葉緑体《ようりょくたい》の中《なか》には、葉緑素《ようりょくそ》（英名《えいめい》：クロロフィル）と呼《よ》ばれる緑色《みどりいろ》の色素《しきそ》がたくさん入《はい》っています。植物《しょくぶつ》の葉《は》が緑色《みどりいろ》なのはこのためです。葉緑体《ようりょくたい》と葉緑素《ようりょくそ》、よく似《に》ていてややこしいのですが、どちらも光合成《こうごうせい》に欠《か》かせない器官《きかん》と成分《せいぶん》。簡単《かんたん》にいうと、葉緑体《ようりょくたい》が光合成《こうごうせい》を行《おこな》う工場《こうじょう》、葉緑素《ようりょくそ》が実際《じっさい》に光合成《こうごうせい》を行《おこな》う装置《そうち》、といったところでしょうか。

ところで、植物《しょくぶつ》には赤《あか》ジソや紫《むらさき》キャベツ、アカカタバミのように葉《は》が緑色《みどりいろ》ではないものもあります。これらの植物《しょくぶつ》には 葉緑素《ようりょくそ》がないのかといえば、そんなことはありません。緑色《みどりいろ》ではない植物《しょくぶつ》の葉《は》は、葉緑素《ようりょくそ》以外《いがい》の色素《しきそ》も持《も》っています。その色素《しきそ》に緑色《みどりいろ》が隠《かく》れてしまっているだけなのです。

植物《しょくぶつ》はなぜ動《うご》かない？

A 人間《にんげん》や動物《どうぶつ》のように、エサを探《さが》し回《まわ》る必要《ひつよう》がないからです。

植物《しょくぶつ》は、太陽《たいよう》の光《ひかり》のエネルギーを使《つか》って、水《みず》と二酸化炭素《にさんかたんそ》から生《い》きるために必要《ひつよう》な糖分《とうぶん》をつくり出《だ》すことができます。ご存《ぞん》じ「光合成《こうごうせい》」です。

また植物《しょくぶつ》は、土《つち》の中《なか》の栄養分《えいようぶん》を吸収《きゅうしゅう》して、生《い》きるうえで必要《ひつよう》なすべての物質《ぶっしつ》をつくることもできます。このため、植物《しょくぶつ》は「独立栄養生物《どくりつえいようせいぶつ》」と呼《よ》ばれています。つまり、植物《しょくぶつ》が動《うご》かないのは、私《わたし》たち人間《にんげん》や動物《どうぶつ》のように動《うご》き回《まわ》って食《た》べ物《もの》を探《さが》す必要《ひつよう》がないからです。もし、植物《しょくぶつ》と言葉《ことば》を交《か》わすことができたなら、植物《しょくぶつ》は人間《にんげん》や動物《どうぶつ》を見《み》てこういうかもしれません。「自分《じぶん》で栄養《えいよう》をつくれず、動《うご》き回《まわ》らないと生《い》きていけないなんて大変《たいへん》ですねえ」と。

そもそも植物《しょくぶつ》ってなに？

A 葉緑体《ようりょくたい》を持《も》ち、動《うご》き回《まわ》らない生物《せいぶつ》を植物《しょくぶつ》といいます。

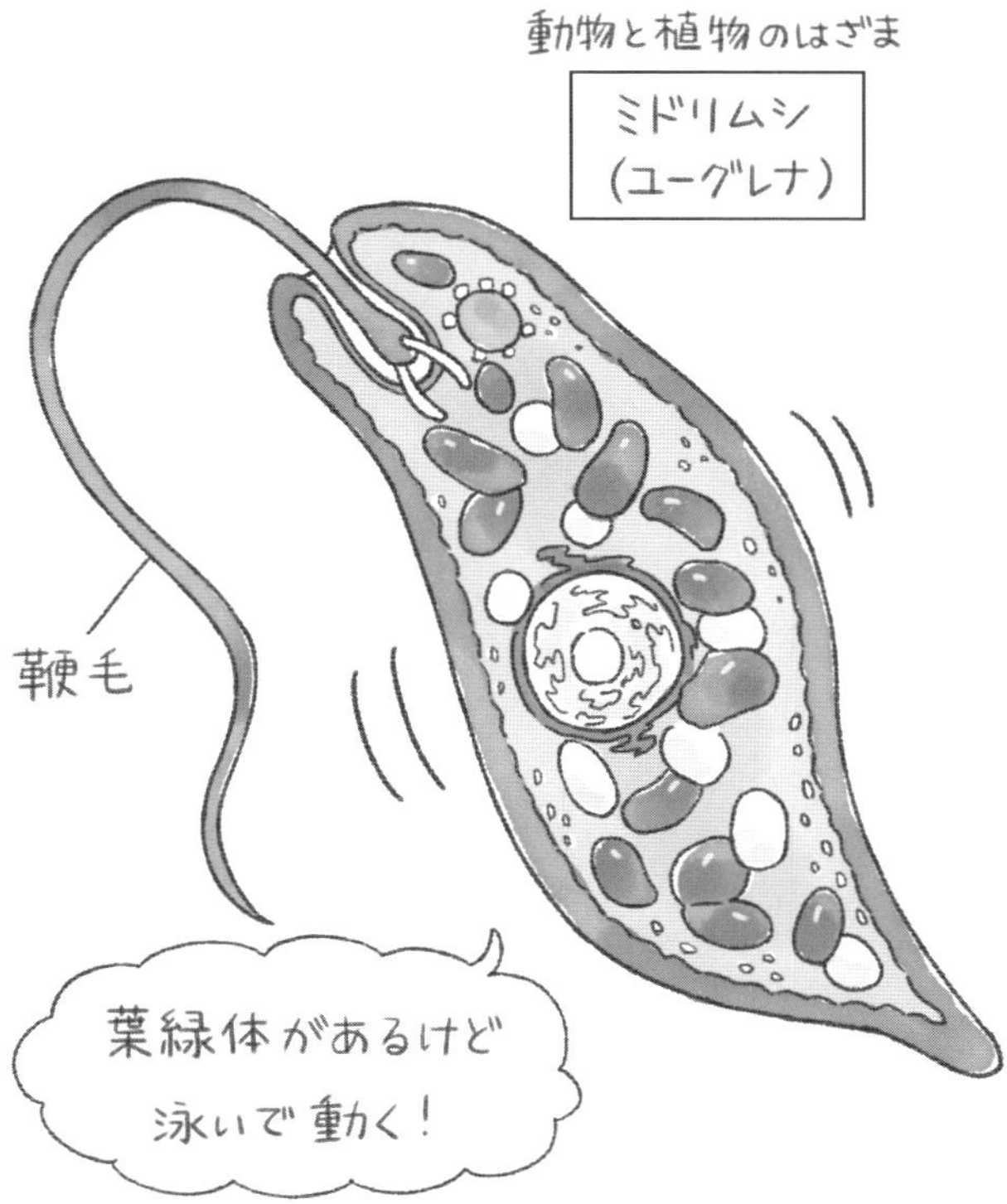

ごく簡単《かんたん》にいえば、植物《しょくぶつ》とは、葉緑体《ようりょくたい》を持《も》ち、動《うご》き回《まわ》らない生物《せいぶつ》のこと。反対《はんたい》に、葉緑体《ようりょくたい》を持《も》たず、動《うご》き回《まわ》る生物《せいぶつ》が動物《どうぶつ》です。

このように説明《せつめい》すると、植物《しょくぶつ》と動物《どうぶつ》とはまったく別《べつ》の生物《せいぶつ》に思《おも》えるかもしれませんが、じつは、動物《どうぶつ》と植物《しょくぶつ》のはざまにあるような生《い》き物《もの》も存在《そんざい》します。その好例《こうれい》が単細胞生物《たんさいぼうせいぶつ》のミドリムシ（英名《えいめい》：ユーグレナ）です。ミドリムシは葉緑体《ようりょくたい》を持《も》ち、その名《な》の通《とお》り緑色《みどりいろ》をしています。そして、鞭毛《べんもう》という器官《きかん》を使《つか》って泳《およ》ぎ回《まわ》ります。植物《しょくぶつ》と動物《どうぶつ》の特徴《とくちょう》を兼《か》ね備《そな》えているのです。私《わたし》たち人間《にんげん》が思《おも》うほど、植物《しょくぶつ》と動物《どうぶつ》は大《おお》きく違《ちが》わないのかもしれません。

四《よ》つ葉《ば》のクローバーはどうしてできる？

A 葉《は》っぱの赤《あか》ちゃんが傷《きず》ついてできることが多《おお》いです。

クローバーは和名《わめい》をシロツメクサといい、本来《ほんらい》は三《み》つ葉《ば》です。しかし、ときどき四《よ》つ葉《ば》になることがあります。これはなぜでしょうか。

クローバーの茎《くき》を顕微鏡《けんびきょう》でよく見《み》ると、「原基《げんき》」という葉《は》っぱの赤《あか》ちゃんが見《み》つかります。この原基《げんき》は非常《ひじょう》にデリケートで、人《ひと》に踏《ふ》まれたり、虫《むし》などに触《さわ》られたりして傷《きず》つくと、本来《ほんらい》はきれいに3枚《まい》に分《わ》かれる葉《は》が4枚《まい》に分《わ》かれることがあります。したがって、四《よ》つ葉《ば》のクローバーはよく踏《ふ》まれる場所《ばしょ》のほうが見《み》つかりやすいのです。幸運《こううん》は逆境《ぎゃっきょう》で育《そだ》つ、ということでしょうか。

このほか、突然変異《とつぜんへんい》が原因《げんいん》で四《よ》つ葉《ば》が発生《はっせい》することもあります。

雑草《ざっそう》、抜《ぬ》いても抜《ぬ》いても生《は》えてくるのはなぜ？

A ライバルがいなくなり、土《つち》の中《なか》のタネに光《ひかり》が当《あ》たるからです。

雑草《ざっそう》の種子《しゅし》の中《なか》には、光《ひかり》が当《あ》たると発芽《はつが》する「光発芽性《ひかりはつがせい》」を持《も》つものが多《おお》くあります。光発芽性《ひかりはつがせい》の種子《しゅし》は、光《ひかり》が当《あ》たらないうちは休眠《きゅうみん》しています。光《ひかり》が当《あ》たらないということは、ほかの植物《しょくぶつ》が生《お》い茂《しげ》り、生存競争《せいぞんきょうそう》が激《はげ》しいことを意味《いみ》しているからです。そのような環境《かんきょう》では弱《よわ》い雑草《ざっそう》は生《い》き抜《ぬ》けません。

しかし、人間《にんげん》が草《くさ》むしりをすると、雑草《ざっそう》だけでなく強敵《きょうてき》もいなくなります。それまで地中《ちちゅう》で状況《じょうきょう》をうかがっていた雑草《ざっそう》の種子《しゅし》にとって、これは絶好《ぜっこう》のチャンス！

光《ひかり》を感《かん》じた種子《しゅし》は、ここぞとばかりにいっせいに発芽《はつが》するというわけです。

木《き》はどこまで大《おお》きくなる？

A 理論上《りろんじょう》は140mまでです。

現存《げんそん》する世界一高《せかいいちたか》い木《き》は、アメリカのカリフォルニア州《しゅう》にあるセコイアメスギです。その高《たか》さはなんと115m！ これを超《こ》える巨木《きょぼく》は果《は》たしてあり得《え》るのでしょうか。

植物《しょくぶつ》の葉《は》の裏《うら》には空気《くうき》を出《だ》し入《い》れするための気孔《きこう》がいくつもあります。根《ね》から吸《す》い上《あ》げられた水《みず》は水蒸気《すいじょうき》となってこの穴《あな》から外《そと》へ出《で》ていきます。これを蒸散《じょうさん》といいます。根《ね》から気孔《きこう》まではつながっていて、蒸散《じょうさん》によって水《みず》が失《うしな》われるとその分《ぶん》だけ水《みず》が引《ひ》き上《あ》げられる仕組《しく》みになっています。蒸散《じょうさん》の力《ちから》で引《ひ》き上《あ》げられる水《みず》の高《たか》さは、せいぜい130~140m。つまり理論上《りろんじょう》は、木《き》の高《たか》さの限界《げんかい》は140mということになります。

1本《ぽん》の木《き》が吸収《きゅうしゅう》する二酸化炭素《にさんかたんそ》はどのくらいの量《りょう》?

A スギの木《き》の場合《ばあい》は1年間《ねんかん》に約《やく》14kgの二酸化炭素《にさんかたんそ》を吸収《きゅうしゅう》・固定《こてい》します。

木《き》の種類《しゅるい》や樹齢《じゅれい》によって異《こと》なりますが、林野庁《りんやちょう》の試算《しさん》によると、樹齢《じゅれい》50年《ねん》、高《たか》さ20~30mのスギの木《き》は、1年間《ねんかん》に約《やく》14kgの二酸化炭素《にさんかたんそ》を吸収《きゅうしゅう》・固定《こてい》するそうです。

この試算《しさん》をもとに私《わたし》たちの生活《せいかつ》と比較《ひかく》してみましょう。人間《にんげん》１人《ひとり》が呼吸《こきゅう》により排出《はいしゅつ》する二酸化炭素《にさんかたんそ》は年間約《ねんかんやく》３２０kg。これを吸収《きゅうしゅう》するには、スギが約《やく》23本必要《ぼんひつよう》といわれています。自家用車《じかようしゃ》１台《だい》あたりから排出《はいしゅつ》される二酸化炭素《にさんかたんそ》は年間約《ねんかんやく》２３００kgで、この吸収《きゅうしゅう》に必要《ひつよう》なスギはおよそ１６０本《ぽん》です。

なお、日本《にほん》の森林全体《しんりんぜんたい》では、１年間《ねんかん》におよそ７３３億《おく》kgの二酸化炭素《にさんかたんそ》を吸収《きゅうしゅう》しているといわれています。

なぜ松竹梅《しょうちくばい》といわれるのか？

A 姿形《すがたかたち》や生態《せいたい》が、長寿《ちょうじゅ》や子孫繁栄《しそんはんえい》をイメージさせるからです。

松竹梅《しょうちくばい》が縁起物《えんぎもの》とされるのは、それぞれの特徴《とくちょう》に由来《ゆらい》します。昔《むかし》の人々《ひとびと》は、厳《きび》しい冬《ふゆ》にあっても青々《あおあお》とした葉《は》を茂《しげ》らせるマツを不老長寿《ふろうちょうじゅ》、まっすぐにすくすくと伸《の》びるタケを子孫繁栄《しそんはんえい》の象徴《しょうちょう》として称《たた》えました。またウメは、厳寒《げんかん》に負《ま》けず咲《さ》き誇《ほこ》る様子《ようす》から、気高《けだか》さや長寿《ちょうじゅ》を表《あらわ》すものと考《かんが》えられていました。

一方《いっぽう》、中国《ちゅうごく》にも、松竹梅《しょうちくばい》を「歳寒《さいかん》三友《さんゆう》」（冬《ふゆ》の寒《さむ》い季節《きせつ》の友《とも》とすべきもの）として画題《がだい》にする文化《ぶんか》がありました。この中国《ちゅうごく》の文化《ぶんか》と日本《にほん》の思《し》想《そう》とが結《むす》びついて、松竹梅《しょうちくばい》は慶事《けいじ》の飾《かざ》りなどに使《つか》われるようになります。

なお、飲食店《いんしょくてん》が料理《りょうり》の内容《ないよう》や価格《かかく》の違《ちが》いを松竹梅《しょうちくばい》で表《あらわ》すようになったのは江戸時代《えどじだい》から。本来《ほんらい》、松竹梅《しょうちくばい》に優劣《ゆうれつ》はなく、高《たか》いメニューやコースを「梅《うめ》」とする店《みせ》もあります。

植物《しょくぶつ》も絶滅《ぜつめつ》するの？

A 恐竜《きょうりゅう》や動物《どうぶつ》と同《おな》じように、植物《しょくぶつ》も絶滅《ぜつめつ》します。

地球上《ちきゅうじょう》では、1秒間《びょうかん》にサッカーコート1面分《めんぶん》の森林《しんりん》が消《き》えているといわれています。また、1975年《ねん》以前《いぜん》は、1年間《ねんかん》に絶滅《ぜつめつ》する種《しゅ》は動植《どうしょく》物《ぶつ》あわせて1種《しゅ》以下《いか》でしたが、現在《げんざい》は1年間《ねんかん》に4万種《まんしゅ》もの生《い》き物《もの》が絶滅《ぜつめつ》しているという説《せつ》もあります。絶滅《ぜつめつ》スピードは過去《かこ》と比《くら》べものにならないくらい速《はや》くなっているのです。

抜《ぬ》いても抜《ぬ》いても生《は》えてくるといわれていた雑草《ざっそう》の中《なか》にも、絶滅《ぜつめつ》が心配《しんぱい》されるものがあります。友《とも》だちの服《ふく》につけて遊《あそ》んだ「ひっつき虫《むし》」ことオナモミもその一《ひと》つ。慣《な》れ親《した》しんだ雑草《ざっそう》も今《いま》、環境《かんきょう》の急激《きゅうげき》な変化《へんか》により、保護《ほご》が必要《ひつよう》な野草《やそう》になりつつあるのです。

植物《しょくぶつ》はどうやって生《う》まれたの？

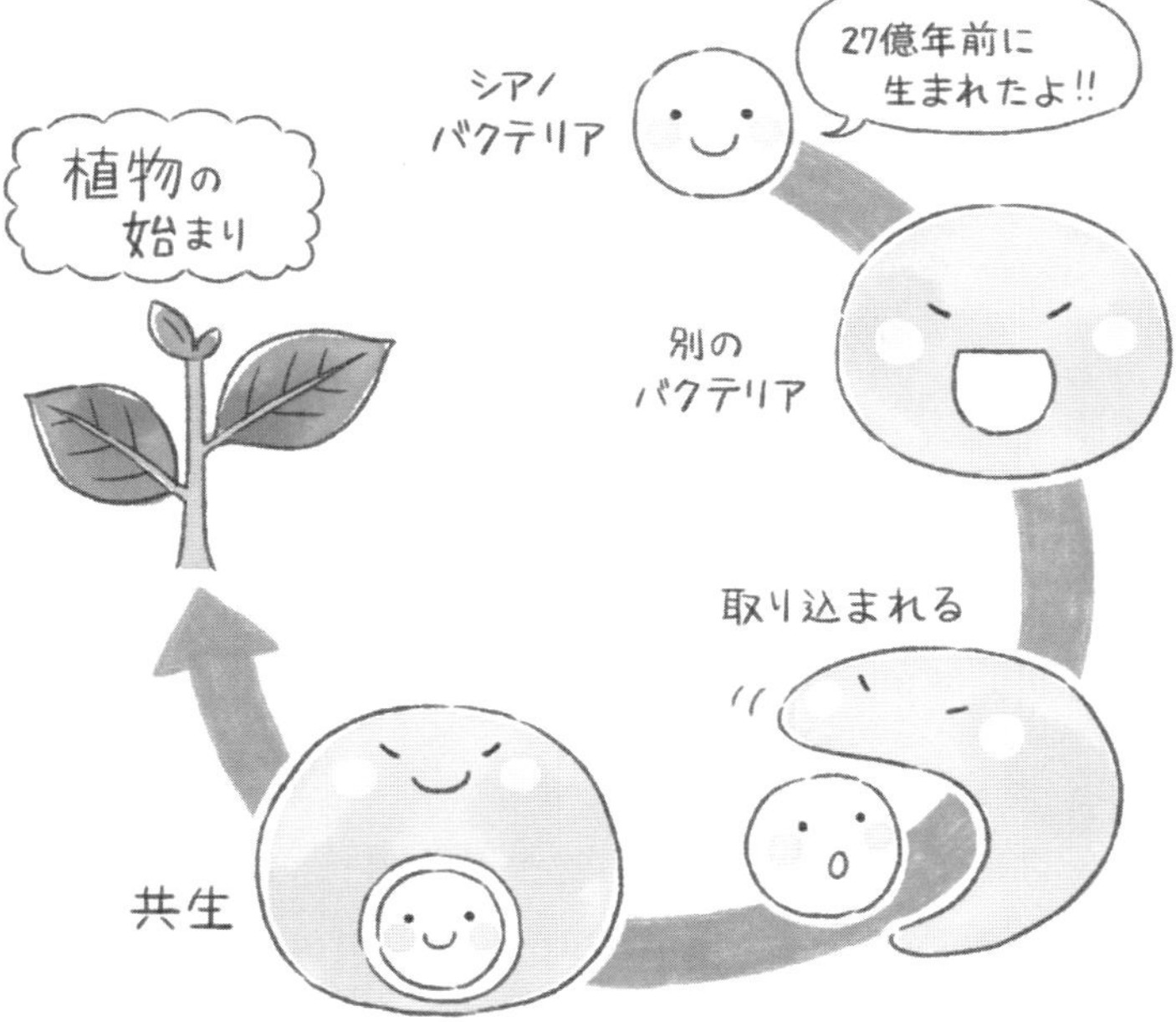

A バクテリアが葉緑体《ようりょくたい》を取《と》り込《こ》んで誕生《たんじょう》しました。

人類《じんるい》が誕生《たんじょう》するよりもはるか昔《むかし》、地球《ちきゅう》の大気《たいき》は二酸化炭素《にさんかたんそ》で占《し》められ、酸素《さんそ》はありませんでした。そんな環境《かんきょう》を変《か》えたのがシアノバクテリアという非常《ひじょう》に小《ち》さな生《い》き物《もの》です。シアノバクテリアは今《いま》から約《やく》27億年前《おくねんまえ》に誕生《たんじょう》し、初《はじ》めて光合成《こうごうせい》をして酸素《さんそ》を産生《さんせい》した生物《せいぶつ》だといわれています。

やがて、シアノバクテリアは別《べつ》の大《おお》きなバクテリアに取《と》り込《こ》まれ、その体《からだ》の中《なか》で葉緑体《ようりょくたい》として働《はたら》くようになります。これが植物《しょくぶつ》の始《はじ》まりです。

なお、シアノバクテリアを取《と》り込《こ》まなかったバクテリアは動物《どうぶつ》へと進化《しんか》します。つまり、植物《しょくぶつ》も動物《どうぶつ》も、さかのぼれば同《おな》じ祖先《そせん》に行《い》き着《つ》くというわけです。

家紋《かもん》によく使《つか》われる植物《しょくぶつ》ってある？

サクラ

ツタ

タケササ

フジ

ボケ

タチバナ

キリ

イチョウ

マツ

スギ

カタバミ

カエデ

ミョウガ

オモダカ

A オモダカ、カタバミ、カエデなどたくさんあります。

カシワ

オオバコ

日本《にほん》の家紋《かもん》によく使《つか》われる十大家《じゅうだいか》紋《もん》は「鷹《たか》の羽《は》、タチバナ、カシワ、フジ、オモダカ、ミョウガ、キリ、ツタ、ボケ、カタバミ」といわれます。鷹《たか》の羽《は》を除《のぞ》く九《ここの》つはすべて植物《しょくぶつ》です。しかも、オモダカとカタバミにいたっては田畑《たはた》や道端《みちばた》に生《は》える小《ちい》さな雑草《ざっそう》です。戦国時代《せんごくじだい》に活躍《かつやく》した勇猛《ゆうもう》な武将《ぶしょう》は、この雑草《ざっそう》の家紋《かもん》を好《この》みました。抜《ぬ》いても抜《ぬ》いても生《は》えてくるたくましさに、家《いえ》の存続《そんぞく》と子孫《しそん》繁栄《はんえい》の願《ねが》いを重《かさ》ねたのでしょう。

将軍家《しょうぐんけ》である徳川家《とくがわけ》の家紋《かもん》もフタバアオイという植物《しょくぶつ》がモチーフとなっています。虎《とら》や龍《りゅう》などの強《つよ》そうな動物《どうぶつ》よりも、過酷《かこく》な環境《かんきょう》であっても凛《りん》と立《た》つ植物《しょくぶつ》を家《いえ》のシンボルに選《えら》んだ私《わたし》たちの祖先《そせん》は、「本当《ほんとう》の強《つよ》さとはなにか」を知《し》っていたのかもしれません。

植物《しょくぶつ》にもオスとメスがある？

A イチョウやキウイフルーツなどにはオスとメスがあります。

キウイフルーツの雄花
雄花のほうがまん中までフサフサ
花が咲くとオスかメスかわかるんだ！
キウイフルーツの雌花

イチョウの木《き》にはメスとオスがあります。銀杏《ぎんなん》が実《みの》るのはメスの木《き》だけ。そのため、銀杏《ぎんなん》が落《お》ちて道路《どうろ》が汚《よご》れないように、街路樹《がいろじゅ》にはオスの木《き》だけが植《う》えられていることがあります。同《おな》じように、キウイフルーツにもメスの木《き》とオスの木《き》があります。

ほかの多《おお》くの植物《しょくぶつ》は一《ひと》つの花《はな》の中《なか》に雄《お》しべと雌《め》しべの両方《りょうほう》を持《も》っていますが、自分《じぶん》の花粉《かふん》では受粉《じゅふん》しないような仕組《しく》みを持《も》っています。自分《じぶん》と同《おな》じ性質《せいしつ》を持《も》つ子孫《しそん》をつくれば、環境《かんきょう》が変化《へんか》したり、病気《びょうき》が蔓延《まんえん》したら全滅《ぜんめつ》してしまうかもしれないからです。ただし、例外《れいがい》もあり、自分《じぶん》の花粉《かふん》で受粉《じゅふん》するものもあります。

植物《しょくぶつ》も暑《あつ》さ、寒《さむ》さを感《かん》じている？

朝
朝だ！
暖かくなって
きたー
寒くなってきたから
閉じます・・・
夕方

A 細胞《さいぼう》の一《ひと》つ一《ひと》つが暑《あつ》さ、寒《さむ》さを感《かん》じています。

もちろん、植物《しょくぶつ》も暑《あつ》さ、寒《さむ》さを感《かん》じています。たとえば、チューリップ、クロッカス、フクジュソウ、マツバボタンなど、植物《しょくぶつ》の中《なか》には朝《あさ》になると花《はな》が開《ひら》き、夕方《ゆうがた》になると閉《と》じるものがあります。その多《おお》くは、光《ひかり》ではなく、外気温《がいきおん》の変化《へんか》に反応《はんのう》していることがわかっています。このように、外《そと》からの刺激《しげき》に反応《はんのう》して起《お》こる植物《しょくぶつ》の運動《うんどう》を「傾性《けいせい》」と呼《よ》び、温《おん》度《ど》が刺激《しげき》となって動《うご》く性質《せいしつ》を「傾《けい》熱性《ねっせい》」といいます。

植物《しょくぶつ》に脳《のう》はありません。その代《か》わり、細胞《さいぼう》の一《ひと》つ一《ひと》つが温度《おんど》を感知《かんち》して反応《はんのう》しています。私《わたし》たち人間《にんげん》より植物《しょくぶつ》のほうがよっぽど敏感《びんかん》に暑《あつ》さ、寒《さむ》さを感《かん》じているかもしれません。

植物《しょくぶつ》に声《こえ》をかけると変化《へんか》するって本当《ほんとう》？

A 空気《くうき》の振動《しんどう》により、成長《せいちょう》が早《はや》まることもあるようです。

野菜《やさい》や果物《くだもの》にクラシック音楽《おんがく》を聴《き》かせると美味《おい》しくなる。そんな話《はなし》を聞《き》いたことはありませんか？　毎日《まいにち》声《こえ》をかけてあげるとよく育《そだ》つ、という人《ひと》もいます。

音楽《おんがく》や声《こえ》を聴《き》かせると植物《しょくぶつ》がよく成長《せいちょう》するかどうかは、はっきりとはわかっていません。もし本当《ほんとう》だとすれば植物《しょくぶつ》が音楽《おんがく》や声《こえ》かけを喜《よろこ》んだから、というわけではなく、空気《くうき》の振動《しんどう》の影響《えいきょう》と考《かんが》えられています。音楽《おんがく》や声《こえ》によって空気《くうき》が振動《しんどう》すると、その振動《しんどう》が植物《しょくぶつ》に伝《つた》わって、水《みず》や養分《ようぶん》の吸《す》い上《あ》げが促進《そくしん》されます。その結果《けっか》、水分《すいぶん》や栄養《えいよう》が多《おお》く摂取《せっしゅ》されるようになり、成長《せいちょう》が早《はや》まるというのが本当《ほんとう》のところのようです。

植物《しょくぶつ》と恐竜《きょうりゅう》、どっちが強《つよ》い？

A 植物《しょくぶつ》が恐竜《きょうりゅう》を滅《ほろ》ぼしたという説《せつ》があります。

植物《しょくぶつ》は動物《どうぶつ》に比《くら》べて進化《しんか》のスピードが速《はや》く、短《みじか》いサイクルで害虫《がいちゅう》や動物《どうぶつ》から身《み》を守《まも》るためのさまざまな試《こころ》みをします。その中《なか》で身《み》につけたのがアルカロイドという毒成分《どくせいぶん》。恐竜《きょうりゅう》が生《い》きていた時代《じだい》、アルカロイドを持《も》つ植物《しょくぶつ》はすでに存在《そんざい》していました。

草食恐竜《そうしょくきょうりゅう》はこのアルカロイドに対応《たいおう》できなかったのでしょう。実際《じっさい》、恐竜《きょうりゅう》の化石《かせき》の一部《いちぶ》には、器官《きかん》が異常《いじょう》に肥大《ひだい》する、卵《たまご》の殻《から》が薄《うす》くなるなど、中毒《ちゅうどく》を思《おも》わせるような深刻《しんこく》な生理障害《せいりしょうがい》が見《み》られるそうです。隕石《いんせき》の衝突《しょうとつ》が起《お》こる以前《いぜん》に、恐竜《きょうりゅう》は植物《しょくぶつ》によってすでに衰退《すいたい》していた可能性《かのうせい》があるのです。

Column

チューリップが歴史《れきし》を変《か》えた！？

74ページで、植物《しょくぶつ》の誕生《たんじょう》が地球《ちきゅう》の環境《かんきょう》を変《か》えたというお話《はなし》をしましたが、植物《しょくぶつ》が変《か》えたのは環境《かんきょう》だけではありません。ときに、人間《にんげん》の歴史《れきし》を変《か》えることもありました。

16世紀末《せいきまつ》のことです。当時《とうじ》のオランダは海洋貿易《かいようぼうえき》で栄《さか》え、世界《せかい》の経済《けいざい》の中心《ちゅうしん》となっていました。そんな折《おり》、品種改良《ひんしゅかいりょう》が重《かさ》ねられたチューリップが伝《つた》えられます。美《うつく》しく、なおかつめずらしいチューリップは〝富《とみ》の象徴《しょうちょう》〟とされ、オランダの人たちは競《きそ》ってチューリップの球根《きゅうこん》を買《か》い求《もと》めるようになったのです。球根《きゅうこん》の値段《ねだん》はあっという間《ま》に上《あ》がり、一般市民《いっぱんしみん》の年収《ねんしゅう》の10倍《ばい》もの価格《かかく》がつけられたり、家一軒《いえいっけん》と取引《とりひき》されたりすることもあったとか。

しかし、〝チューリップバブル〟は長《なが》くは続《つづ》きませんでした。高価《こうか》になりすぎたため、人々《ひとびと》は球根《きゅうこん》を買《か》えなくなり、やがて球根《きゅうこん》の価格《かかく》が大幅《おおはば》にダウン。多《おお》くの人《ひと》が財産《ざいさん》を失《うしな》うことになりました。これが原因《げんいん》で、オランダは経済大国《けいざいたいこく》としての勢《いきお》いをも失《うしな》い、イギリスにその座《ざ》を奪《うば》われてしまうのでした。オランダの歴史《れきし》を変《か》えたチューリップは今《いま》、オランダの国花《こっか》となっています。

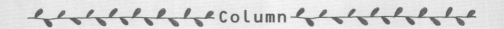

第《だい》3章《しょう》

私《わたし》たちの身近《みぢか》にある
ムダがない植物図鑑《しょくぶつずかん》

身近《みぢか》で見《み》ることができる草花《くさばな》や野菜《やさい》について、
疑問《ぎもん》を持《も》ったことはありませんか？
ここでは多《おお》くの人《ひと》が感《かん》じる、
植物《しょくぶつ》の不思議《ふしぎ》について答《こた》えていきます。
散歩《さんぽ》をしていて草花《くさばな》を見《み》かけたときや
植物園《しょくぶつえん》に行《い》ったときに思《おも》い出《だ》してください。

A

チューリップはなぜ球根《きゅうこん》で育《そだ》てるの？

球根《きゅうこん》で育《そだ》てるほうが簡単《かんたん》だからです。球根《きゅうこん》なら1年《ねん》で花《はな》が咲《さ》くのに対《たい》して、種子《しゅし》から育《そだ》てた場合《ばあい》、花《はな》が咲《さ》くまでに約《やく》6年《ねん》かかります。

DATA

- **原産地《げんさんち》** 中央《ちゅうおう》アジア～地中海沿岸《ちちゅうかいえんがん》
- **大《おお》きさ** 30～80cm
- **花期《かき》** 3～5月《がつ》
- **別名《べつめい》** 鬱金香《うこんこう》
- **英名《えいめい》** Tulip

多《おお》くのチューリップは、花《はな》が咲《さ》いた後《あと》に球根《きゅうこん》が三《みっ》つできます。これを分球《ぶんきゅう》といい、分《ぶん》球《きゅう》はもとの球根《きゅうこん》のクローンです。このため、赤《あか》い花《はな》の球根《きゅうこん》の分球《ぶんきゅう》を育《そだ》てると、もとの花《はな》と同《おな》じ赤《あか》い花《はな》を咲《さ》かせます。どんな花《はな》が咲《さ》くかわかる球根《きゅうこん》栽培《さいばい》は、品種改良《ひんしゅかいりょう》がしやすいというメリットもあるのです。

なお、赤《あか》いチューリップの種子《しゅし》をまいた場合《ばあい》は赤《あか》い花《はな》が咲《さ》くとは限《かぎ》りません。

小学校《しょうがっこう》でアサガオを観察《かんさつ》するのはなぜ？

A アサガオはつるで伸《の》びるつる植物《しょくぶつ》です。つる植物《しょくぶつ》は茎《くき》を頑強《がんきょう》にする必要《ひつよう》がないため成長《せいちょう》が速《はや》く、子《こ》どもたちが観察《かんさつ》するのにぴったりなのです。

DATA

- 原産地《げんさんち》 世界《せかい》の熱帯《ねったい》〜亜熱帯地域《あねったいちいき》
- 大《おお》きさ 200cm〜
- 花期《かき》 7〜9月《がつ》
- 別名《べつめい》 牽牛花《けんぎゅうか》
- 英名《えいめい》 Morning glory

小学《しょうがく》1年生《ねんせい》のとき、アサガオを栽培《さいばい》したことがある人《ひと》は多《おお》いでしょう。アサガオは支《し》柱《ちゅう》などを支《ささ》えにして伸《の》びていくので、茎《くき》を頑強《がんきょう》にするためのエネルギーを成長《せいちょう》に使《つか》うことができます。種子《しゅし》をまいてから花《はな》が咲《さ》くまでの期間《きかん》はわずか2か月《げつ》。この成長《せいちょう》の速《はや》さゆえに、アサガオはほかの植《しょく》物《ぶつ》を押《お》しのけて、子《こ》どもたちの学習《がくしゅう》の教材《きょうざい》に選《えら》ばれているのです。

なぜタンポポという名前《なまえ》なの？

A

タンポポというかわいい名前《なまえ》の語源《ごげん》ははっきりとはわかっていません。「田菜《たな》」という古《ふる》い名前《なまえ》が「ホホ」と結《むす》びついたなど、諸説《しょせつ》あります。

DATA

- 原産地《げんさんち》　北半球《きたはんきゅう》
- 大《おお》きさ　10～30cm
- 花期《かき》　3～5月《がつ》
- 別名《べつめい》　―――
- 英名《えいめい》　Dandelion

田《た》んぼのあぜ道《みち》などによく生《は》えていることから、タンポポは古《ふる》くは「田菜《たな》」と呼《よ》ばれました。その「タナ」が「タン」に変化《へんか》し、冠毛《かんもう》（綿毛《わたげ》）がほほける（毛羽立《けばだ》つ）を意味《いみ》する「ホホ」が加《くわ》わって「タンポポ」になった、という説《せつ》があります。また、茎《くき》の両端《りょうたん》を縦《たて》に細《こま》かく裂《さ》くと反《そ》り返《かえ》って鼓《つづみ》の形《かたち》に似《に》ることから、鼓《つづみ》を打《う》つ「タンポンポン」という音《おと》が由来《ゆらい》ともいわれます。

藤棚《ふじだな》はどうやってつくっているの？

A

木材《もくざい》やアルミ製《せい》のパイプなどで棚《たな》をつくります。その支柱《しちゅう》の根《ね》もとにフジを植《う》えると自然《しぜん》と支柱《しちゅう》に巻《ま》きつきながら成長《せいちょう》し、やがて藤棚《ふじだな》になります。

DATA

- **原産地《げんさんち》** 日本《にほん》
- **大《おお》きさ** 10 m以上《いじょう》（つるの長《なが》さ）
- **花期《かき》** 4～5月《がつ》
- **別名《べつめい》** 野田藤《のだふじ》
- **英名《えいめい》** Wisteria

フジはつる性《せい》で、ほかの植《しょく》物《ぶつ》に巻《ま》きついて自《みずか》らを支《ささ》えてもらいながら育《そだ》つという特性《とくせい》があります。山《やま》などに自生《じせい》するフジはほかの木《き》に巻《ま》きついて育《そだ》ちます。この特性《とくせい》を利用《りよう》したのが藤棚《ふじだな》です。フジは巻《ま》きつくものがなければ大《おお》きく成長《せいちょう》できず、地面《じめん》を這《は》うように育《そだ》ちます。しかし、巻《ま》きつくものがあればあっという間《ま》に成長《せいちょう》し、巻《ま》きついた木《き》を枯《か》らしてしまうこともあります。

母《はは》の日《ひ》にカーネーションを渡《わた》す由来《ゆらい》は？

A

1907年《ねん》、アメリカでアンナ・ジャービスという女性《じょせい》が亡《な》き母親《ははおや》のためにカーネーションを配《くば》ったのが始《はじ》まりだといわれています。

DATA

- 原産地《げんさんち》　南《みなみ》ヨーロッパ、地中海沿岸《ちちゅうかいえんがん》
- 大《おお》きさ　30～50cm
- 花期《かき》　4～6月《がつ》、9～11月《がつ》
- 別名《べつめい》　オランダナデシコ、ジャコウナデシコ
- 英名《えいめい》　Carnation

5月《がつ》の第《だい》2日曜日《にちようび》は母《はは》の日《ひ》です。アンナが亡《な》き母《はは》のために配《くば》ったのは白《しろ》いカーネーション。そこから、亡《な》くなった母親《ははおや》には白《しろ》いカーネーションを、健在《けんざい》な母親《ははおや》には赤《あか》いカーネーションを贈《おく》るようになりました。アメリカでは、母《はは》の日《ひ》は祝日《しゅくじつ》に制定《せいてい》されています。

なお、父《ちち》の日《ひ》の花《はな》はバラ。残念《ざんねん》ながら、こちらはあまり浸透《しんとう》していないようです。

バラのトゲはなんのためにある？

A はっきりとはわかっていませんが、「ほかの植物《しょくぶつ》に引《ひ》っかかりやすくするため」「動物《どうぶつ》から身《み》を守《まも》るため」などの理由《りゆう》が考《かんが》えられます。

DATA

- 原産地《げんさんち》　アジア、ヨーロッパ、中近東《ちゅうきんとう》、北《きた》アメリカ、アフリカの一部《いちぶ》
- 大《おお》きさ　40～250cm
- 花期《かき》　5月中旬《がつちゅうじゅん》～6月上旬《がつじょうじゅん》(主《おも》な開花時期《かいかじき》)
- 別名《べつめい》　――――
- 英名《えいめい》　Rose

バラの仲間《なかま》は半《はん》つる性《せい》で、多《おお》くは、ほかの植物《しょくぶつ》に寄《よ》りかかりながら伸《の》びていきます。ここから、このトゲはほかの植物《しょくぶつ》に引《ひ》っかかるための、いわば「フック」のような役割《やくわり》を果《は》たしていると考《かんが》えられます。

なお、バラという名前《なまえ》は、「トゲ（棘《とげ》）」を意味《いみ》する「イバラ」に由来《ゆらい》します。バラは、もともとはトゲのある植物《しょくぶつ》の総称《そうしょう》だったのです。

5月《がつ》5日《いつか》にショウブの花《はな》を飾《かざ》る理由《りゆう》は？

A

ショウブの花《はな》は正式《せいしき》には「ハナショウブ」といい、アヤメ科《か》です。端午《たんご》の節句《せっく》は本来《ほんらい》、サトイモ科《か》の「ショウブ」の根《ね》や葉《は》で邪気《じゃき》を払《はら》う行事《ぎょうじ》でした。

DATA

- 原産地《げんさんち》　日本《にほん》、中国《ちゅうごく》、ロシア
- 大《おお》きさ　50～100cm
- 花期《かき》　6～7月《がつ》
- 別名《べつめい》　アヤメ
- 英名《えいめい》　Iris

端午《たんご》の節句《せっく》は、サトイモ科《か》のショウブを浸《ひた》したお酒《さけ》を飲《の》んだり、ショウブ湯《ゆ》に浸《つ》かったりして、邪気《じゃき》を払《はら》うものでした。それがいつしか、「ショウブ」が「尚武《しょうぶ》」（武勇《ぶゆう》を重《おも》んじる）に通《つう》じること、葉《は》の形《かたち》が剣《つるぎ》を連想《れんそう》させることから、武家《ぶけ》の間《あいだ》で男児《だんじ》の成長《せいちょう》を祈《いの》る日《ひ》になっていきます。その後《ご》、ショウブの葉《は》とよく似《に》た葉《は》を持《も》つ「ハナショウブ」も飾《かざ》られるようになったのです。

A 「アジサイとカタツムリ」の絵《え》はウソ？

アジサイの葉《は》には毒《どく》があり、カタツムリはアジサイの葉《は》を食《た》べられません。ですから、実際《じっさい》には、アジサイにカタツムリがいることは少《すく》ないのです。

アジサイと
カタツムリ
えっ!? カタツムリはアジサイが好きじゃないの!?

DATA

- 原産地《げんさんち》 日本《にほん》
- 大《おお》きさ 200～300cm
- 花　期《かき》 6～7月《がつ》
- 別　名《べつめい》 四片《よひら》、七変化《しちへんげ》
- 英　名《えいめい》 Hydrangea

カタツムリは雑食性《ざっしょくせい》でなんでも食《た》べます。殻《から》の材料《ざいりょう》となるカルシウムを得《え》るために、ブロックやコンクリートも食《た》べるほどです。けれど、毒《どく》成分《せいぶん》があるアジサイの葉《は》は食《た》べることができません。

私《わたし》たち人間《にんげん》も同様《どうよう》です。アジサイの葉《は》が料理《りょうり》に添《そ》えられていても、くれぐれも食《た》べないようにしましょう。食《た》べると嘔吐《おうと》、めまい、顔面紅潮《がんめんこうちょう》などの症状《しょうじょう》が現《あらわ》れます。

A

ヒマワリが太陽《たいよう》のほうを向《む》くのはなぜ？

植物《しょくぶつ》は太陽《たいよう》の光《ひかり》のエネルギーで栄養《えいよう》をつくります。この働《はたら》きを「光合成《こうごうせい》」と呼《よ》びます。ヒマワリが太陽《たいよう》を追《お》いかけるのは効率《こうりつ》よく光合成《こうごうせい》を行《おこな》うためです。

DATA

- 原産地《げんさんち》　北《きた》アメリカ
- 大《おお》きさ　15～200cm
- 花期《かき》　7～10月《がつ》
- 別名《べつめい》　日車《ひぐるま》、日輪草《にちりんそう》
- 英名《えいめい》　Sunflower

ヒマワリは、太陽《たいよう》のエネルギーを得《え》るために茎《くき》の先端《せんたん》を動《うご》かして太陽《たいよう》のほうを向《む》きます。その姿《すがた》から「日回《ひまわ》り」の名《な》がつきました。ただし、ヒマワリが太陽《たいよう》を追《お》いかけるのはつぼみの時期《じき》まで。花《はな》が咲《さ》けば、太陽《たいよう》を追《お》いかけるのをやめてしまいます。南《みなみ》を向《む》いて咲《さ》いている花《はな》も、観察《かんさつ》してみれば、朝《あさ》には東《ひがし》に、夕方《ゆうがた》には西《にし》に向《む》いているわけではないことがわかるはずです。

レンゲの雄《お》しべと雌《め》しべはどこにある？

A

普段《ふだん》は花《はな》びらの中《なか》に隠《かく》れています。ハナバチが花《はな》に止《と》まると、雄《お》しべと雌《め》しべが現《あらわ》れてハチの体《からだ》に花粉《かふん》をつけるからくりになっています。

DATA

- **原産地《げんさんち》** 中国《ちゅうごく》
- **大《おお》きさ** 10 ～ 25cm
- **花期《かき》** 4～6月《がつ》
- **別名《べつめい》** 蓮華草《れんげそう》、ゲンゲ
- **英名《えいめい》** Chinese milk vetch

レンゲの花《はな》は、花《はな》びらのように見《み》える一《ひと》つ一《ひと》つが花《はな》です。それぞれの花《はな》の花《はな》びらは、上《じょう》下《げ》に分《わ》かれた形《かたち》をしています。下側《したがわ》の花《はな》びらにハナバチが止《と》まると、花《はな》びらが押《お》し下《さ》げられて蜜《みつ》への入口《いりぐち》が開《ひら》きます。同時《どうじ》に、隠《かく》れていた雄《お》しべと雌《め》しべが飛《と》び出《だ》します。この巧妙《こうみょう》な仕《し》かけにより、レンゲは花粉《かふん》を運《はこ》んでくれるハチ以《い》外《がい》の虫《むし》に蜜《みつ》を取《と》られないようにしているのです。

A

ちょうちょうはなぜ葉《は》に止《と》まるの？

モンシロチョウは菜《な》の葉《は》に卵《たまご》を産《う》みます。ちょうちょうが花《はな》だけでなく葉《は》に止《と》まるのは、産卵《さんらん》のためではないでしょうか。

DATA

- **原産地《げんさんち》** ヨーロッパ
- **大《おお》きさ** 50～60cm
- **花期《かき》** 3～5月《がつ》
- **別名《べつめい》** 菜《な》の花《はな》
- **英名《えいめい》** Turnip rape

「ちょうちょう　ちょうちょう　菜《な》の葉《は》に止《と》まれ　菜《な》の葉《は》に飽《あ》いたら　桜《さくら》に止《と》まれ」

童謡《どうよう》「ちょうちょう」の歌詞《かし》の一節《いっせつ》です。歌《うた》に登場《とうじょう》するちょうちょうは、歌詞《かし》からモンシロチョウと推察《すいさつ》されます。モンシロチョウはアブラナ科《か》の葉《は》に産卵《さんらん》します。幼虫《ようちゅう》である青虫《あおむし》は、アブラナ科《か》の葉《は》しか食《た》べません。このため、童謡《どうよう》では「菜《な》の葉《は》に止《と》まれ」といっているのでしょう。

A

コスモスの花《はな》は宇宙《うちゅう》と関係《かんけい》がある？

宇宙《うちゅう》を意味《いみ》する「コスモス」も、花名《かめい》の「コスモス」も語源《ごげん》は同《おな》じ。「秩序《ちつじょ》」「調和《ちょうわ》」「美《うつく》しさ」といった意味《いみ》を持《も》つギリシャ語《ご》「Kosmos」に由来《ゆらい》します。

DATA

- 原産地《げんさんち》 メキシコ
- 大《おお》きさ 40～100cm程度《ていど》
- 花期《かき》 7～11月《がつ》
- 別名《べつめい》 秋桜《あきざくら》、大春車菊《おおはるしゃぎく》
- 英名《えいめい》 Cosmos

ギリシャ語《ご》の「コスモス」は「秩序《ちつじょ》」「調和《ちょうわ》」「美《うつく》しさ」という意味《いみ》。コスモスの花《はな》はその調和《ちょうわ》のとれた美《うつく》しさから、また宇宙《うちゅう》は星々《ほしぼし》が規則正《きそくただ》しく並《なら》ぶ様子《ようす》から、「コスモス」と呼《よ》ばれるようになりました。

なお、コスモスの花《はな》は、花《はな》びらのように見《み》える部分《ぶぶん》も、さらには花《はな》の中心部分《ちゅうしんぶぶん》も、一《ひと》つ一《ひと》つが小《ちい》さな花《はな》です。花《はな》びらに見《み》える部分《ぶぶん》を舌状花《ぜつじょうか》、中《ちゅう》心部分《しんぶぶん》を管状花《かんじょうか》といいます。

ツバキの花《はな》はどうして首《くび》から落《お》ちるの？

A ツバキの花《はな》の根元《ねもと》は丈夫《じょうぶ》なガクで守《まも》られています。ツバキの花《はな》が散《ち》ることなく、花全体《はなぜんたい》がぽとりと落《お》ちるのはこのためです。

DATA

- 原産地《げんさんち》 東《ひがし》アジア
- 大《おお》きさ 5～10m
- 花期《かき》 11～4月《がつ》
- 別名《べつめい》 藪椿《やぶつばき》、耐冬花《たいとうか》
- 英名《えいめい》 Camellia

ツバキは鳥《とり》を呼《よ》び寄《よ》せて花《か》粉《ふん》を運《はこ》ばせます。鳥《とり》は虫《むし》よりも頭《あたま》がよいので、口《くち》に花粉《かふん》がつかないように花《はな》の根元《ねもと》をくちばしでつつき、蜜《みつ》を横取《よこど》りするかもしれません。だからツバキは、花《はな》の根元《ねもと》を丈夫《じょうぶ》なガクで守《まも》っているのです。

ツバキの花《はな》が落《お》ちる様子《ようす》は首《くび》が落《お》ちる様子《ようす》を連想《れんそう》させます。ゆえに武士《ぶし》が嫌《きら》ったといわれますが、これは幕末以降《ばくまついこう》につくられた俗説《ぞくせつ》です。

A ポインセチアが赤《あか》くなるのは花《はな》？ 葉《は》？

鮮《あざ》やかな赤色《あかいろ》をしている部分《ぶぶん》は、じつは、花《はな》ではありません。花芽《はなめ》を保護《ほご》するように葉《は》が変化《へんか》したもので、これを植物用語《しょくぶつようご》で苞葉《ほうよう》といいます。

DATA

・原産地《げんさんち》 中南米《ちゅうなんべい》	・別名《べつめい》 猩猩木《しょうじょうぼく》、クリスマスフラワー
・大《おお》きさ 20～100cm	
・花期《かき》 11～3月《がつ》	・英名《えいめい》 Poinsettia

　ポインセチアを観察《かんさつ》すると、苞葉《ほうよう》の中心部分《ちゅうしんぶぶん》に緑色《みどりいろ》の小《ちい》さなつぶつぶがあるのがわかります。これがポインセチアの花《はな》です。この花《はな》には花《はな》びらがありません。

　葉《は》は、花《はな》びらよりも大《おお》きくなりやすく、また、しおれにくいという特徴《とくちょう》があります。そこでポインセチアは、花《はな》びらの代《か》わりに苞葉《ほうよう》を目立《めだ》たせて、花粉《かふん》の運《はこ》び屋《や》である昆虫《こんちゅう》を呼《よ》び寄《よ》せているのです。

A

花《はな》の宰相《さいしょう》ってどんな花《はな》？

シャクヤクは漢字《かんじ》で「芍薬《しゃくやく》」と書《か》きます。「芍《しゃく》」は美《うつく》しくて好《この》ましいという意《い》味《み》。その美《うつく》しさから「花《はな》の宰相《さいしょう》」という意味《いみ》で「花相《かしょう》」とも呼《よ》ばれます。

DATA

- 原産地《げんさんち》　中国北部《ちゅうごくほくぶ》〜シベリア
- 大《おお》きさ　50〜90cm
- 花《か》期《き》　4〜5月《がつ》
- 別《べつ》名《めい》　夷草《えびすぐさ》
- 英《えい》名《めい》　Chinese peony

「宰相《さいしょう》」とは、昔《むかし》、中国《ちゅうごく》で王《おう》様《さま》を補佐《ほさ》した人《ひと》のこと。いわば国《くに》のナンバー2《ツー》です。シャクヤクは古来《こらい》、国《くに》で一《いち》、二《に》を争《あらそ》う美《うつく》しさと称《たた》えられてきました。また、古《ふる》くから薬効《やっこう》があるとされ、ギリシャ神話《しんわ》では冥府《めいふ》の王《おう》の治療《ちりょう》に使《つか》われています。日本《にほん》にも、薬草《やくそう》として中国《ちゅうごく》から持《も》ち込《こ》まれました。なお、ナンバー1《ワン》はボタン。花《はな》の王様《おうさま》という意味《いみ》で「花《か》王《おう》」と呼《よ》ばれます。

スイセンはうぬぼれ屋《や》？

A うぬぼれが強《つよ》い人《ひと》を「ナルシスト」といいます。このナルシストの語源《ごげん》となったナルキッソスを学名《がくめい》に持《も》つのがスイセンです。

DATA

- 原産地《げんさんち》 地中海沿岸《ちちゅうかいえんがん》
- 大《おお》きさ 15～40cm
- 花期《かき》 2～4月《がつ》
- 別名《べつめい》 雪中花《せっちゅうか》
- 英名《えいめい》 Daffodil

ナルキッソスはギリシャ神《しん》話《わ》に登場《とうじょう》する美少年《びしょうねん》です。ナルキッソスはある日《ひ》、水面《すいめん》に映《うつ》る美《うつく》しい少年《しょうねん》に恋《こい》をします。しかし、それは自分《じぶん》の姿《すがた》でした。そうとは知《し》らないナルキッソスは恋《こい》が実《みの》らずにやつれ果《は》て、ついにはスイセンになってしまったとか。スイセンが水辺《みずべ》でうつむいて咲《さ》く様《よう》子《す》が水面《すいめん》をのぞき込《こ》んで見《み》えることから、そんな伝説《でんせつ》が生《う》まれたのかもしれません。

A

なぜヒヤシンスは水栽培《みずさいばい》でも育《そだ》つの？

ヒヤシンスの球根《きゅうこん》の中《なか》には、花《はな》が咲《さ》くまでの養分《ようぶん》がたっぷりと蓄《たくわ》えられています。だから、水《みず》に浸《つ》けるだけでも育《そだ》てることができるのです。

DATA

- **原産地《げんさんち》** ギリシャ、シリア、小《しょう》アジア
- **大《おお》きさ** 20～30cm
- **花《か》　期《き》** 3～4月《がつ》
- **別《べつ》　名《めい》** 夜香蘭《やこうらん》
- **英《えい》　名《めい》** Hyacinth

植物《しょくぶつ》は土《つち》から水《みず》と栄養分《えいようぶん》を吸《す》い上《あ》げて育《そだ》ちます。しかし、ヒヤシンスのような球根植物《きゅうこんしょくぶつ》は、球根自体《きゅうこんじたい》に花《はな》が咲《さ》くまでの栄養分《えいようぶん》を貯《た》め込《こ》んでいます。そのため、水《みず》だけで植物《しょくぶつ》を育《そだ》てる水栽培《みずさいばい》が可能《かのう》なのです。

なお、暖《あたた》かな室内《しつない》で水栽培《みずさいばい》を行《おこな》う場合《ばあい》は、事前《じぜん》に冷蔵庫《れいぞうこ》に球根《きゅうこん》を入《い》れておくと花《はな》が咲《さ》きやすくなります。ヒヤシンスは冬《ふゆ》の寒《さむ》さを感《かん》じて春《はる》に花《はな》を咲《さ》かせる植物《しょくぶつ》だからです。

恋《こい》占《うらな》いにマーガレットを使《つか》うのはなぜ？

A

マーガレットの花《はな》びらは21枚《まい》。「好《す》き」から始《はじ》めれば必《かなら》ず「好《す》き」で終《お》わります。恋《こい》する乙女《おとめ》たちは、それを知《し》っていたのかもしれません。

DATA

- **原産地《げんさんち》** カナリア諸島《しょとう》
- **大《おお》きさ** 20～100cm
- **花期《かき》** 11～5月《がつ》
- **別名《べつめい》** 木春菊《もくしゅんぎく》
- **英名《えいめい》** Marguerite

「好《す》き」「嫌《きら》い」と一枚一枚《いちまいいちまい》花《はな》びらを取《と》っていく恋占《こいうらな》いは、奇数《きすう》の花《はな》びらの花《はな》を選《えら》び、「好《す》き」から始《はじ》めるのがポイント。こうすれば、確実《かくじつ》に「好《す》き」で終《お》わります。マーガレットのほか、花《はな》びらが5枚《まい》のスミレやサクラ、13枚《まい》のマリーゴールドもおすすめ。

ただし、花《はな》びらの枚数《まいすう》は栄養条件《えいようじょうけん》によって変《か》わることもありますので、恋占《こいうらな》いをする際《さい》はくれぐれもご注意《ちゅうい》を。

A

お寺《てら》でハスの花《はな》をよく見《み》るのはなぜ？

仏教徒《ぶっきょうと》にとってハスは特別《とくべつ》な花《はな》。たとえば仏像《ぶつぞう》は、ハスの花《はな》の形《かたち》をした台座《だいざ》に座《すわ》っています。また、極楽浄土《ごくらくじょうど》にはハスの花《はな》が咲《さ》いているそうです。

DATA

- 原産地《げんさんち》　アジアの熱帯《ねったい》〜温帯《おんたい》
- 大《おお》きさ　70〜200cm程度《ていど》
- 花《か》期《き》　7〜8月《がつ》
- 別《べつ》名《めい》　水芙蓉《すいふよう》、不語仙《ふごせん》
- 英《えい》名《めい》　Lotus

「ハスは泥《どろ》より出《い》でて泥《どろ》に染《そ》まらず」といわれるように、ハスは汚《よご》れた泥《どろ》の中《なか》から茎《くき》を伸《の》ばし、透《す》き通《とお》るような美《うつく》しい花《はな》を咲《さ》かせます。その姿《すがた》は、善悪《ぜんあく》、清濁《せいだく》が混在《こんざい》するこの世《よ》で悟《さと》りの道《みち》を求《もと》める菩薩像《ぼさつぞう》の象徴《しょうちょう》とされ、仏教徒《ぶっきょうと》の間《あいだ》で尊《とうと》ばれるようになりました。ハスの花《はな》を挿《さ》した水差《みずさ》しを持《も》つ仏像《ぶつぞう》もあります。

なお、地下茎《ちかけい》はレンコンとして食《た》べることができます。

「なでしこジャパン」のなでしことは？

A 日本《にほん》に古《ふる》くからある花《はな》のことです。愛《あい》らしい子《こ》どものように、つい、撫《な》でたくなるほど可憐《かれん》な姿《すがた》から「撫子《なでしこ》」の名《な》がつけられました。

DATA

・原産地《げんさんち》	ヨーロッパ、北《きた》アメリカ、アジア、南《みなみ》アフリカ
・大《おお》きさ	10 ～ 60cm
・花期《かき》	4～8月《がつ》
・別名《べつめい》	常夏《とこなつ》
・英名《えいめい》	Dianthus

サッカー女子日本代表《じょしにほんだいひょう》の愛《あい》称《しょう》で使《つか》われているナデシコは「万葉集《まんようしゅう》」にもその名《な》が見《み》られるほど、古《ふる》くから日本人《にほんじん》に親《した》しまれてきました。清楚《せいそ》な美《うつく》しさを持《も》つ日本女性《にほんじょせい》を「大和《やまと》撫子《なでしこ》」と称《たた》えますが、美《うつく》しく愛《あい》らしいナデシコの花《はな》にたとえてのことです。ナデシコはダイアンサス属《ぞく》の植物《しょくぶつ》で、ダイアンサスの別名《べつめい》は「ピンク」。ダイアンサスはピンク色《いろ》の語《ご》源《げん》となった花《はな》です。

A

仏花《ぶっか》としてキクが使《つか》われるのはなぜ？

主《おも》に二《ふた》つの理由《りゆう》があります。一《ひと》つは、年中栽培《ねんじゅうさいばい》されているので常《つね》にお供《そな》えする仏花《ぶっか》に向《む》いていたから。もう一《ひと》つは、花《はな》の日持《ひも》ちがよいからです。

DATA

- 原産地《げんさんち》　中国《ちゅうごく》
- 大《おお》きさ　20～100cm
- 花期《かき》　10～12月《がつ》
- 別名《べつめい》　齢草《よわいぐさ》、千代見草《ちよみぐさ》
- 英名《えいめい》　Chrysanthemum

戦前《せんぜん》まで、お墓《はか》にはさまざまな野《の》の花《はな》が供《そな》えられていました。現在《げんざい》のようにキクが仏花《ぶっか》として利用《りよう》されるようになったのは、キクが年中栽培《ねんじゅうさいばい》されるようになった戦後《せんご》といわれています。

日持《ひも》ちのよさもキクが仏花《ぶっか》とされる理由《りゆう》の一《ひと》つ。キクは切《き》り花《ばな》にして水《みず》に浸《つ》けた状態《じょうたい》で2～3週間《しゅうかん》持《も》ちます。急《きゅう》な葬式《そうしき》に備《そな》えておける花《はな》として、キクは重宝《ちょうほう》されているのです。

シクラメンの和名《わめい》は二《ふた》つある？

A

シクラメンの和名《わめい》は「豚《ぶた》の饅頭《まんじゅう》」。明治時代《めいじじだい》にシクラメンが日本《にほん》に紹介《しょうかい》されたとき、球根《きゅうこん》が饅頭《まんじゅう》を潰《つぶ》したような形《かたち》をしていることから命名《めいめい》されました。

DATA

- 原産地《げんさんち》 地中海沿岸《ちちゅうかいえんがん》
- 大《おお》きさ 30～50cm
- 花期《かき》 10～4月《がつ》
- 別名《べつめい》 篝火花《かがりびばな》、豚《ぶた》の饅頭《まんじゅう》
- 英名《えいめい》 Cyclamen

「豚《ぶた》の饅頭《まんじゅう》」の名《な》づけ親《おや》は、東京大学《とうきょうだいがく》の大久保三郎《おおくぼさぶろう》博士《はかせ》です。ヨーロッパでもシクラメンには「豚《ぶた》のパン」という別《べつ》名《めい》があるので、大久保《おおくぼ》博士《はかせ》はそれをふまえて命名《めいめい》したのかもしれません。

しかし後年《こうねん》、豚《ぶた》の饅頭《まんじゅう》という名《な》を不憫《ふびん》に思《おも》った植物学者《しょくぶつがくしゃ》の牧野富太郎《まきのとみたろう》博士《はかせ》が、花《はな》の形《かたち》から「篝火花《かがりびばな》」と命名《めいめい》。こうして、シクラメンは二《ふた》つの和《わ》名《めい》を持《も》つことになったのです。

A

トマトはどうして赤《あか》い？

鳥《とり》や動物《どうぶつ》にとって最《もっと》も目立《めだ》つ色《いろ》は赤《あか》です。トマトが赤《あか》く色《いろ》づくのは、もともとは、鳥《とり》や動物《どうぶつ》に自分《じぶん》の種《たね》を遠《とお》くまで運《はこ》ばせるためだったのです。

DATA

- **原産地《げんさんち》** アンデス高地《こうち》
- **大《おお》きさ** 30～200cm
- **旬《しゅん》** 6～9月《がつ》
- **別《べつ》　名《めい》** 赤《あか》なす
- **英《えい》　名《めい》** Tomato

トマトの色《いろ》はリコピンという赤《あか》い色素《しきそ》によるものです。果実《かじつ》が持《も》つ色素《しきそ》は、主《おも》に紫色《むらさきいろ》と橙色《だいだいいろ》の二《ふた》つ。多《おお》くの果実《かじつ》は、その2色《しょく》を使《つか》って自分《じぶん》を赤色《あかいろ》に近《ちか》づけようと努力《どりょく》しているのです。その点《てん》、トマトは果《か》実《じつ》の成功者《せいこうしゃ》といえそうですが、あまりに赤《あか》すぎるために、かつては人間《にんげん》には有毒《ゆうどく》だと考《かんが》えられていました。日本《にほん》で食用《しょくよう》として栽培《さいばい》されるのは明治時《めいじじ》代《だい》になってからです。

キャベツはなぜ丸《まる》くなるの？

A **寒《さむ》さや乾燥《かんそう》の影響《えいきょう》を受《う》けにくくするためです。ただ、昔《むかし》のキャベツの葉《は》の巻《ま》きはもっとゆるく、現在《げんざい》のような球形《きゅうけい》ではなかったと考《かんが》えられます。**

DATA

- 原産地《げんさんち》 地中海沿岸《ちちゅうかいえんがん》
- 大《おお》きさ 40～50cm
- 旬《しゅん》 1～5月《がつ》
- 別名《べつめい》 甘藍《かんらん》
- 英名《えいめい》 Cabbage

キャベツの葉《は》が丸《まる》くなるのは、寒《さむ》さや乾燥《かんそう》から身《み》を守《まも》るためだと考《かんが》えられます。その性質《せいしつ》を利用《りよう》して品種改良《ひんしゅかいりょう》を重《かさ》ねた結果《けっか》、丸《まる》く球《たま》になったキャベツができあがりました。

ただ、丸《まる》くなったキャベツでは花《はな》を咲《さ》かせることができないため、春《はる》になると固《かた》く閉《と》じていた葉《は》がほぐれます。そして、中心部《ちゅうしんぶ》から茎《くき》が伸《の》び、菜《な》の花《はな》によく似《に》た黄色《きいろ》い花《はな》を咲《さ》かせます。

レタスとキャベツは同《おな》じ仲間《なかま》なの？

見《み》かけこそレタスとキャベツはよく似《に》ていますが、レタスはキク科《か》の野菜《やさい》、キャベツはアブラナ科《か》の野菜《やさい》。まったく別《べつ》の植物《しょくぶつ》なのです。

DATA

- **原産地《げんさんち》** 地中海沿岸《ちちゅうかいえんがん》～西《にし》アジア
- **大《おお》きさ** 20～30cm
- **旬《しゅん》** 4～9月《がつ》
- **別名《べつめい》** 萵苣《ちしゃ》
- **英名《えいめい》** Lettuce

レタスは、昔《むかし》は「乳草《ちちくさ》」が転じて「チシャ」と呼《よ》ばれていました。レタスを切《き》ると出《で》てくる白《しろ》い乳《ちち》のような液《えき》が名《な》前《まえ》の由来《ゆらい》です。白《しろ》い液《えき》はキク科《か》の野草《やそう》のタンポポやノゲシの茎《くき》を切《き》ったときにも見《み》られます。

ちなみに、あの白《しろ》い液《えき》はとても苦《にが》いのをご存《ぞん》じでしょうか。レタスはこの苦味物質《にがみぶっしつ》を出《だ》すことで虫《むし》に食《た》べられないように身《み》を守《まも》っているのです。

A

ピーマンはなぜ中《なか》が空洞《くうどう》なの？

昔《むかし》のピーマンの皮《かわ》は薄《うす》く、中《なか》には種子《しゅし》がぎっしり詰《つ》まっていました。今《いま》のピーマンの皮《かわ》が厚《あつ》く、中身《なかみ》が少《すく》ないのは、人間《にんげん》がそう改良《かいりょう》したからです。

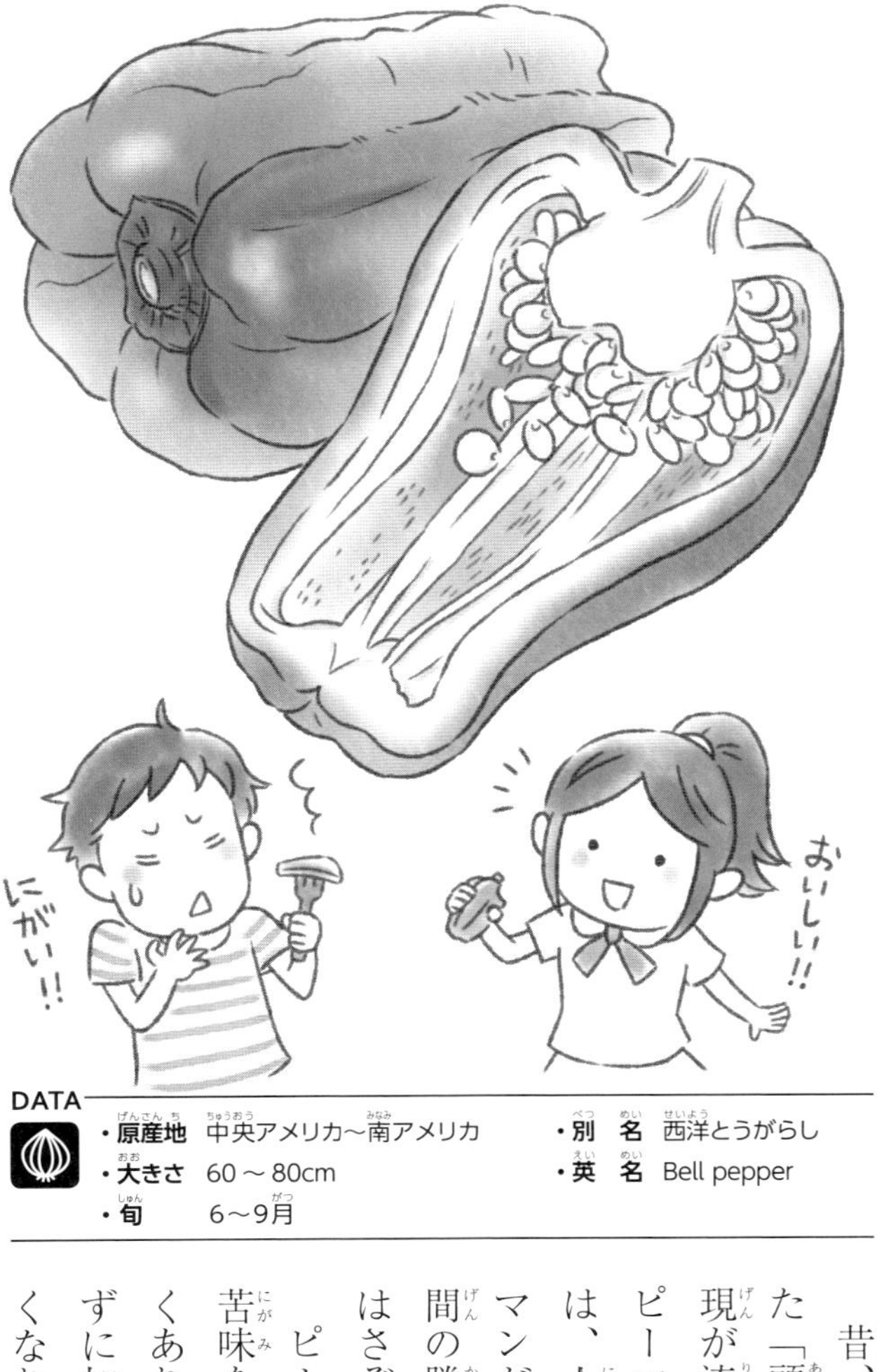

DATA

- 原産地《げんさんち》　中央《ちゅうおう》アメリカ～南《みなみ》アメリカ
- 大《おお》きさ　60～80cm
- 旬《しゅん》　6～9月《がつ》
- 別《べつ》　名《めい》　西洋《せいよう》とうがらし
- 英《えい》　名《めい》　Bell pepper

昔《むかし》、考《かんが》えなしの人《ひと》を揶揄《やゆ》した「頭《あたま》がピーマン」という表現《ひょうげん》が流行《りゅうこう》したことがあります。ピーマンの中身《なかみ》が空《から》っぽなのは、人間《にんげん》が改良《かいりょう》を重《かさ》ね、ピーマンがそれに応《こた》えた成果《せいか》。人間《にんげん》の勝手《かって》ないい分《ぶん》にピーマンはさぞ憤慨《ふんがい》したことでしょう。

ピーマンといえば、特有《とくゆう》の苦味《にがみ》を嫌《きら》う子《こ》どもはめずらしくありませんが、苦味《にがみ》は切《き》らずに加熱《かねつ》すれば分解《ぶんかい》されてなくなります。ぜひお試《ため》しを。

A

飾《かざ》りに使《つか》われるパセリに栄養《えいよう》はあるの？

パセリは、βカロテン、ビタミンB_1、ビタミンB_2、ビタミンCをたっぷり含《ふく》み、カルシウム、マグネシウム、鉄《てつ》などのミネラルも豊富《ほうふ》です。

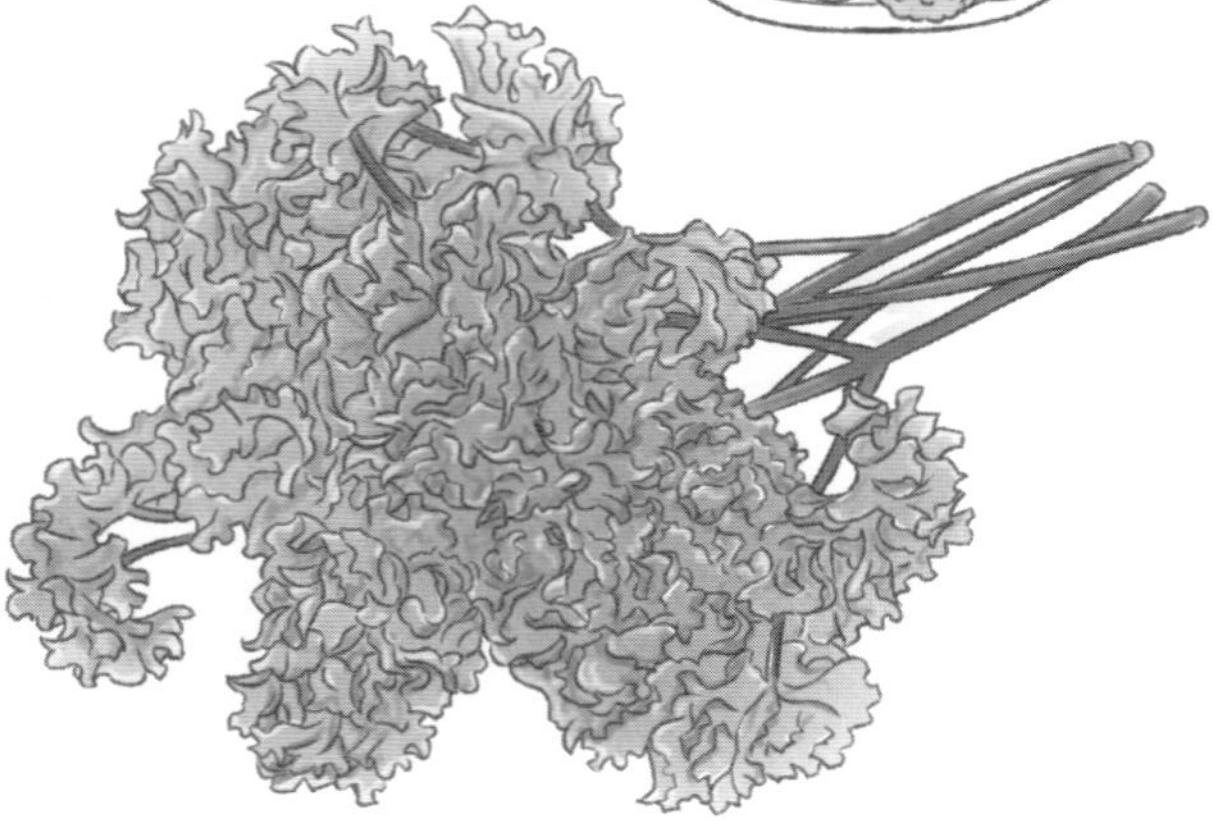

DATA

- **原産地《げんさんち》** 地中海沿岸《ちちゅうかいえんがん》
- **大《おお》きさ** 20～30㎝
- **旬《しゅん》** 周年《しゅうねん》
- **別名《べつめい》** 和蘭芹《オランダぜり》
- **英名《えいめい》** Parsley

パセリはきわめて栄養価《えいようか》の高《たか》い野菜《やさい》です。「そうはいってもあの香《かお》りが苦手《にがて》で」という人《ひと》もいるかもしれません。

パセリ特有《とくゆう》の香《かお》りはアピオールという精油成分《せいゆせいぶん》で、食欲増進《しょくよくぞうしん》、疲労回復《ひろうかいふく》、口臭予防《こうしゅうよぼう》の効果《こうか》があります。料理《りょうり》にパセリが添《そ》えられていたら、残《のこ》さず食《た》べることをおすすめします。

なお、別名《べつめい》の「オランダぜり」は、オランダから長崎《ながさき》に伝《つた》わったことに由来《ゆらい》します。

レンコンに穴《あな》が空《あ》いているのはなぜ？

A　レンコンの穴《あな》は酸素《さんそ》の通《とお》り道《みち》。水上《すいじょう》にある葉《は》や葉柄《ようへい》（葉《は》と茎《くき》をつなぐ細《ほそ》い柄《え》）とつながっていて、酸素《さんそ》を泥《どろ》の下《した》へと運《はこ》んでいるのです。

DATA

・原産地《げんさんち》	アジアの熱帯《ねったい》～温帯《おんたい》、オーストラリア、北《きた》アメリカ	・旬《しゅん》	11～3月《がつ》
		・別名《べつめい》	蓮《はす》
・大《おお》きさ	50～100cm	・英名《えいめい》	Lotus root

レンコンはたいてい中央《ちゅうおう》に1個《こ》、そのまわりに約《やく》9個《こ》の穴《あな》が空《あ》いています。レンコンが酸素《さんそ》の少《すく》ない泥《どろ》の中《なか》でも成長《せいちょう》できるのはこの穴《あな》のおかげなのです。また、おせち料理《りょうり》にレンコンが欠《か》かせないのも、この穴《あな》に理由《りゆう》があります。昔《むかし》の人々《ひとびと》は、穴《あな》が多《おお》いレンコンは「将来《しょうらい》の見通《みとお》しがきく」縁起食材《えんぎしょくざい》と考《かんが》え、一年《いちねん》の始《はじ》まりに、その年《とし》の幸《しあわ》せを願《ねが》って食《た》べるようになったのです。

ジャガイモの部分《ぶぶん》は根《ね》？ 茎《くき》？

A

ジャガイモは地下茎《ちかけい》の先端《せんたん》がふくらんでできます。つまり、ジャガイモのイモの部分《ぶぶん》は根《ね》ではなく茎《くき》なのです。

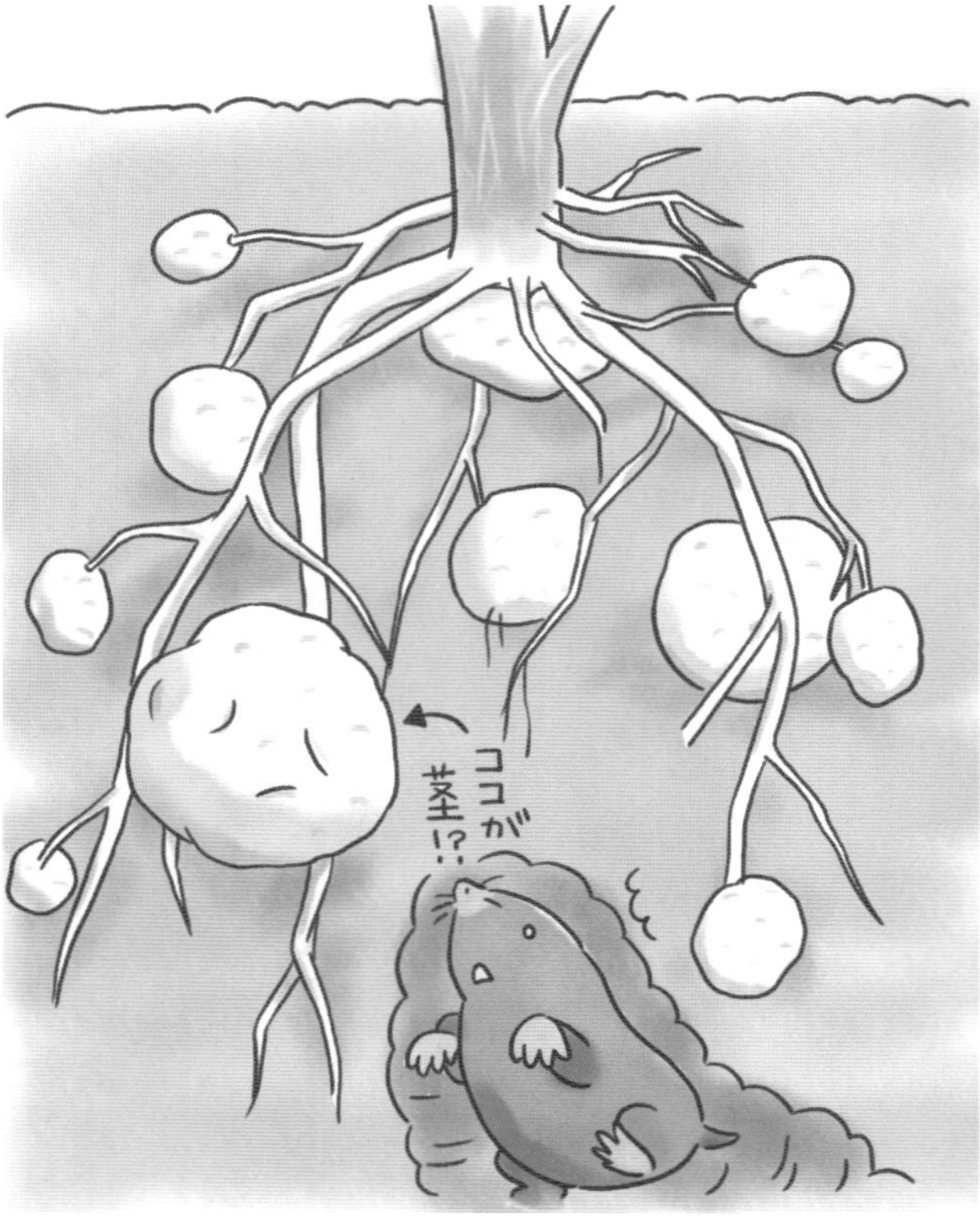

DATA

・**原産地《げんさんち》** アンデス高地《こうち》
・**大《おお》きさ** 50～60㎝
・**旬《しゅん》** 5～7月《がつ》
・**別《べつ》名《めい》** 馬鈴薯《ばれいしょ》
・**英《えい》名《めい》** Potato

同《おな》じイモでも、サツマイモのイモの部分《ぶぶん》は根《ね》です。ニンジン、ゴボウも食《た》べるのは根《ね》の部分《ぶぶん》です。茎《くき》と根《ね》の違《ちが》いは、側根《そっこん》（ひげのような細《ほそ》い根《ね》）があるかどうか。側根《そっこん》があれば根《ね》、なくて表面《ひょうめん》がつるつるならば茎《くき》です。

なお、ジャガイモの芽《め》と日光《にっこう》に当《あ》たって緑色《みどりいろ》になった部分《ぶぶん》にはソラニンという有毒物《ゆうどくぶっ》質《しつ》が含《ふく》まれています。食《た》べないよう注意《ちゅうい》してください。

A

サツマイモを食《た》べるとおならが出《で》る？

サツマイモの糖質《とうしつ》は消化《しょうか》されにくく、食《た》べると腸《ちょう》のぜんどう運動《うんどう》が活発化《かっぱつか》し、ガスが発生《はっせい》しやすくなります。そのため、おならが出《で》やすくなるのです。

DATA

- **原産地《げんさんち》** 中央《ちゅうおう》アメリカ
- **大《おお》きさ** 30cm～
- **旬《しゅん》** 9～11月《がつ》
- **別名《べつめい》** 甘藷《かんしょ》、唐芋《からいも》
- **英名《えいめい》** Sweet potato

サツマイモを食《た》べるとおならが出《で》やすくなります。ですが、それほどにおわないのでご安心《あんしん》を。サツマイモだけを消化《しょうか》するときに発生《はっせい》するのは炭酸《たんさん》ガス。悪臭成分《あくしゅうせいぶん》であるアンモニアや硫化水素《りゅうかすいそ》がほとんど含《ふく》まれていないため、あまりくさくなりません。

ちなみに、ジャガイモはナス科《か》、サツマイモはヒルガオ科《か》。どちらも「イモ」とつきますが、まったくの別物《べつもの》です。

白《しろ》ネギと青《あお》ネギ、どう違《ちが》う？

A

関東《かんとう》で好《この》まれる白《しろ》ネギは根深《ねぶか》ネギの系統《けいとう》で、白《しろ》く伸《の》びた部分《ぶぶん》を食《た》べます。一方《いっぽう》、関西《かんさい》で好《この》まれる青《あお》ネギは、主《おも》に葉《は》の部分《ぶぶん》を食《た》べます。

DATA

・原産地《げんさんち》	中央《ちゅうおう》アジア	・別名《べつめい》	根深《ねぶか》ネギ（白ネギ）
・大《おお》きさ	60～70㎝	・英名《えいめい》	Green onion
・旬《しゅん》	11～2月《がつ》		

ネギは奈良時代《ならじだい》に中国《ちゅうごく》から日本《にほん》へ渡来《とらい》したといわれています。白《しろ》ネギあるいは長《なが》ネギと呼《よ》ばれる根深《ねぶか》ネギの系統《けいとう》は、中国《ちゅうごく》では北方地域《ほっぽうちいき》で栽培《さいばい》されていて、寒《さむ》さに強《つよ》いという特徴《とくちょう》があります。一方《いっぽう》、青《あお》ネギまたは葉《は》ネギと呼《よ》ばれる系統《けいとう》のネギは、南方地域《なんぽうちいき》で栽培《さいばい》されていました。それが日本《にほん》に伝《つた》わって、関東《かんとう》では白《しろ》ネギ、関西《かんさい》では青《あお》ネギが栽培《さいばい》されるようになったのです。

キュウリはなぜ曲《ま》がるのか？

A

キュウリが曲《ま》がる理由《りゆう》としては、肥料《ひりょう》の量《りょう》が適切《てきせつ》でなかった、水《みず》やりが足《た》りなかった、天候《てんこう》が不順《ふじゅん》だった、害虫《がいちゅう》がついたなどが考《かんが》えられます。

DATA

- 原産地《げんさんち》　インド北部《ほくぶ》
- 大《おお》きさ　30cm～
- 旬《しゅん》　5～8月《がつ》
- 別名《べつめい》　———
- 英名《えいめい》　Cucumber

曲《ま》がったキュウリは見《み》てくれが悪《わる》く、箱詰《はこづ》めもしづらくなります。このような理由《りゆう》から曲《ま》がったキュウリは出荷《しゅっか》前《まえ》に選別《せんべつ》されてしまうため、スーパーなどで目《め》にする機会《きかい》はまずありません。かつては、まっすぐなキュウリを育《そだ》てるためにキュウリの先《さき》に重《おも》りを垂《た》らしたり、筒状《つつじょう》の型《かた》の中《なか》で育《そだ》てたりしたこともあったとか。なお、曲《ま》がっていても味《あじ》に大《おお》きな違《ちが》いはありません。

A

ニンジンの表面《ひょうめん》にある横線《よこせん》はなに？

ニンジンの表面《ひょうめん》に見《み》える横線《よこせん》は細《ほそ》い根《ね》っこが生《は》えていた跡《あと》。スーパーなどでニンジンを買《か》うと、横線《よこせん》から根《ね》が伸《の》びている場合《ばあい》もあります。

DATA

- **原産地《げんさんち》** 中央《ちゅうおう》アジア
- **大《おお》きさ** 30㎝
- **旬《しゅん》** 4〜7月《がつ》、11〜12月《がつ》
- **別《べつ》名《めい》** ———
- **英《えい》名《めい》** Carrot

私たちが普段《ふだん》食《た》べている「ニンジン」は、ニンジンの根《ね》の部分《ぶぶん》。詳《くわ》しくは主根《しゅこん》といい、表面《ひょうめん》にある横線《よこせん》は主根《しゅこん》から伸《の》びる側根《そっこん》（ひげ根《ね》）の跡《あと》です。ニンジンを縦《たて》に切《き》って断面《だんめん》を見《み》ると、横線《よこせん》のところから内側《うちがわ》に根《ね》が伸《の》びていることがわかります。ひげ根《ね》から吸収《きゅうしゅう》された水分《すいぶん》などは主根《しゅこん》の中央部《ちゅうおうぶ》を通《とお》り、地上《ちじょう》に吸《す》い上《あ》げられていくのです。大根《だいこん》の表面《ひょうめん》の点《てん》も根《ね》の跡《あと》です。

切《き》ったリンゴが茶色《ちゃいろ》になるのはなぜ？

A

リンゴの切《き》り口《くち》が茶色《ちゃいろ》くなるのは、リンゴに含《ふく》まれるポリフェノールと酸化酵《さんかこう》素《そ》のしわざ。二《ふた》つの成分《せいぶん》が空気《くうき》に触《ふ》れて別《べつ》の物質《ぶっしつ》になるためです。

DATA

- **原産地《げんさんち》** 西《にし》アジア〜ヨーロッパ東南部《とうなんぶ》
- **大《おお》きさ** 2〜3m
- **旬《しゅん》** 9〜11月《がつ》
- **別《べつ》名《めい》** ———
- **英《えい》名《めい》** Apple

リンゴに含《ふく》まれるポリフェノールは、切《き》ったりすりおろしたりして空気《くうき》に触《ふ》れると、酸化酵素《さんかこうそ》の働《はたら》きで空気《くうき》と反応《はんのう》し、別《べつ》の物質《ぶっしつ》に変《か》わります。これを酸化《さんか》といい、酸化《さんか》した部分《ぶぶん》は色《いろ》が変《か》わってしまうのです。バナナ、モモ、アボカド、ナス、ジャガイモなどが変色《へんしょく》するのも同《おな》じ原理《げんり》です。

なお、切《き》ったリンゴは塩水《しおみず》あるいはレモン汁《じる》に浸《つ》けると、変色《へんしょく》を防《ふせ》げます。

A

イチゴの表面《ひょうめん》のつぶつぶの正体《しょうたい》は？

イチゴの表面《ひょうめん》にはたくさんのつぶつぶがあります。じつは、このつぶつぶこそがイチゴの「実《み》」。あの極小《きょくしょう》の実《み》の中《なか》には種子《しゅし》が一粒入《ひとつぶはい》っています。

DATA

- **原産地《げんさんち》** 北《きた》アメリカ、チリ
- **大《おお》きさ** 20 ～ 30㎝
- **旬《しゅん》** 5～6月《がつ》（露地《ろじ》）
- **別《べつ》　名《めい》** ―――
- **英《えい》　名《めい》** Strawberry

イチゴのあのつぶつぶの中《なか》には種子《しゅし》が入《はい》っています。その証拠《しょうこ》に、つぶつぶをまくと芽《め》が出《で》てやがてイチゴが実《みの》ります。では、あの赤《あか》い部分《ぶぶん》は一体《いったい》なんでしょうか？

タンポポの綿毛《わたげ》をすべて吹《ふ》き飛《と》ばすと、綿毛のついていた芯《しん》の部分《ぶぶん》が残《のこ》ります。これを花托《かたく》といいます。イチゴの赤《あか》い部分《ぶぶん》はこの花托《かたく》が太《ふと》ったもの。ゆえにイチゴは「偽果《ぎか》」と呼《よ》ばれます。

スイカのしましま模様《もよう》、意味《いみ》はある？

A

ほかの果実《かじつ》と同様《どうよう》、スイカは鳥《とり》に食《た》べさせて種子《しゅし》を運《はこ》んでもらっています。しましま模様《もよう》は、鳥《とり》に見《み》つかりやすいように発達《はったつ》したと考《かんが》えられています。

DATA

- **原産地《げんさんち》** 南《みなみ》アフリカ
- **大《おお》きさ** 1～3m
- **旬《しゅん》** 7～8月《がつ》
- **別名《べつめい》** ———
- **英名《えいめい》** Watermelon

果実《かじつ》は、動物《どうぶつ》や鳥《とり》に食《た》べられて糞《ふん》と一緒《いっしょ》に種子《しゅし》をばらまいてもらうことで子孫《しそん》を増《ふ》やします。果実《かじつ》が赤《あか》や黄色《きいろ》に色《いろ》づくのは、動物《どうぶつ》や鳥《とり》を呼《よ》び寄《よ》せる工夫《くふう》なのです。スイカのしましま模様《もよう》にも、同様《どうよう》の理由《ゆう》があると考《かんが》えられます。また、スイカの皮《かわ》は熟《じゅく》してくると黄色《きいろ》くなります。黄色《きいろ》と黒《くろ》のしま模様《もよう》は、スイカの生《う》まれ故郷《こきょう》である砂漠地帯《さばくちたい》でさぞかし目立《めだ》ったことでしょう。

ねこじゃらしが夏《なつ》でも元気《げんき》な理由《りゆう》は？

A

ねこじゃらしは、特殊《とくしゅ》な光合成《こうごうせい》のシステムを持《も》っています。だから、ほかの雑草《ざっそう》がしおれてしまうような真夏《まなつ》でも元気《げんき》いっぱいなのです。

DATA

- **原産地《げんさんち》** 日本《にほん》
- **大《おお》きさ** 30～80cm
- **花期《かき》** 7～9月《がつ》
- **別名《べつめい》** ネコジャラシ
- **英名《えいめい》** Fox tail grass、Green bristle grass

ねこじゃらしは正式《せいしき》にはエノコログサといいます。エノコログサには、普通《ふつう》の植物《しょくぶつ》とは違《ちが》う特殊能力《とくしゅのうりょく》があります。吸収《きゅうしゅう》した二酸化炭素《にさんかたんそ》をぎゅっと濃縮《のうしゅく》して、光合成《こうごうせい》の能力《のうりょく》を約《やく》2倍《ばい》にまで高《たか》めることができるのです。ほかの植物《しょくぶつ》を普《ふ》通車《つうしゃ》とするなら、エノコログサは超高性能《ちょうこうせいのう》なターボエンジンを抱《かか》えた高速《こうそく》マシンといったところ。じつは、とてもすごい植物《しょくぶつ》だったのです。

A

カラスノエンドウにアリが多《おお》いのはなぜ？

カラスノエンドウは、花《はな》のつけ根《ね》に「花外蜜腺《かがいみつせん》」という器官《きかん》を持《も》ち、蜜《みつ》を出《だ》します。アリはこの蜜《みつ》が大好物《だいこうぶつ》。だから、アリが多《おお》く集《あつ》まるのです。

DATA

- **原産地《げんさんち》** 地中海沿岸《ちちゅうかいえんがん》
- **大《おお》きさ** 30～100cm
- **花期《かき》** 3～6月《がつ》
- **別名《べつめい》** ピーピー豆《まめ》、矢筈豌豆《やはずえんどう》、野豌豆《のえんどう》
- **英名《えいめい》** Narrow-leaved vetch

カラスノエンドウの花外蜜腺《かがいみつせん》から出《で》る蜜《みつ》はアリ専用《せんよう》。カラスノエンドウは蜜《みつ》をアリに与《あた》える代《か》わりに、自分《じぶん》に近《ちか》づく害虫《がいちゅう》をアリに追《お》い払《はら》ってもらっているのです。

そんな関係《かんけい》に割《わ》って入《はい》る虫《むし》がアブラムシです。アブラムシはカラスノエンドウから蜜《みつ》を奪《うば》い取《と》り、その蜜《みつ》でアリをヘッドハンティング。自分《じぶん》もまた、アリに天敵《てんてき》を追《お》い払《はら》ってもらおうと画策《かくさく》しています。

A オジギソウがおじぎをするのはなぜ？

私《わたし》たち人間《にんげん》は、何《なに》かに触《ふ》れられるとその刺激《しげき》が電気信号《でんきしんごう》に変換《へんかん》されて脳《のう》に伝《つた》わります。オジギソウも同《おな》じような仕組《しく》みを持《も》っていると考《かんが》えられています。

DATA

・**原産地《げんさんち》** ブラジル	・**別《べつ》名《めい》** 眠《ねむ》り草《ぐさ》、含羞草《がんしゅうそう》
・**大《おお》きさ** 30～50cm	・**英《えい》名《めい》** Sensitive plant
・**旬《しゅん》** 7～10月《がつ》	

オジギソウの葉《は》のつけ根《ね》には「葉枕《ようちん》」という蝶番《ちょうつがい》のような器官《きかん》があり、中《なか》に水分《すいぶん》が入《はい》っています。オジギソウは外《そと》からの刺激《しげき》を感知《かんち》すると、それを電気信号《でんきしんごう》に変換《へんかん》。この信号《しんごう》が葉枕《ようちん》に伝《つた》わると中《なか》の水分《すいぶん》が移動《いどう》して、茎《くき》がおじぎをするように下向《したむ》きに倒《たお》れるのです。ただ、なぜオジギソウがこのような仕組《しく》みを持《も》っているのかは、いまだ解明《かいめい》されていません。

ハート形《がた》のクローバーがある？

クローバーと間違《まちが》えられることが多《おお》いのがカタバミです。どちらも基本《きほん》は三《み》つ葉《ば》ですが、葉《は》が卵形《たまごがた》のほうがクローバー、ハート形《がた》がカタバミです。

DATA

- **原産地《げんさんち》** 日本《にほん》
- **大《おお》きさ** 10～30cm
- **花期《かき》** 4～9月《がつ》
- **別名《べつめい》** 黄金草《こがねぐさ》、鏡草《かがみぐさ》、銭《ぜに》みがき
- **英名《えいめい》** Yellow sorrel

88～89ページで述《の》べたように、カタバミは日本《にほん》の十大家紋《じゅうだいかもん》の一《ひと》つで、戦国武将《せんごくぶしょう》に愛《あい》された雑草《ざっそう》です。夜《よる》になるとハート形《がた》の葉《は》を閉《と》じて眠《ねむ》る様子《ようす》が、葉《は》が半分食《はんぶんた》べられたように見《み》えることから「片喰《かたばみ》」と名《な》づけられました。

なお、葉《は》には酸《さん》が含《ふく》まれており、昔《むかし》は金属《きんぞく》や鏡《かがみ》を磨《みが》くのに用《もち》いられました。このため、「黄金草《こがねぐさ》」「鏡草《かがみぐさ》」「銭《ぜに》みがき」の別名《べつめい》があります。

A

「ぺんぺん草《ぐさ》」と呼《よ》ぶのはなぜ？

ナズナは三角形《さんかっけい》の実《み》をつけます。この実《み》が三味線《しゃみせん》のバチに似《に》ていることから、三味線《しゃみせん》の音《おと》にちなんで「ぺんぺん草《ぐさ》」と呼《よ》ばれるようになりました。

DATA

・原産地《げんさんち》　日本《にほん》
・大《おお》きさ　10～50cm
・花期《かき》　3～6月《がつ》
・別名《べつめい》　ペンペン草《ぐさ》、三味線草《しゃみせんぐさ》、貧乏草《びんぼうぐさ》
・英名《えいめい》　Shepherd's purse

ナズナの実《み》を少《すこ》し引《ひ》っ張《ぱ》ってから、茎《くき》を回《まわ》して実《み》と実《み》が触《ふ》れる音《おと》を楽《たの》しむ。そんな遊《あそ》びをしたことがある人《ひと》も多《おお》いのではないでしょうか。

庭《にわ》や畑《はたけ》を放《ほう》っておくとすぐに生《お》い茂《しげ》ることから「貧乏草《びんぼうぐさ》」とも呼《よ》ばれる一方《いっぽう》で、春《はる》の七草《ななくさ》の一《ひと》つでもあります。ナズナは寒《さむ》さが厳《きび》しいほど葉《は》の切《き》れ込《こ》みが深《ふか》くなり、甘《あま》くて味《あじ》がよくなるとか。機会《きかい》があれば食《た》べ比《くら》べてみてください。

A

歌詞《かし》によく出《で》てくる意外《いがい》な花《はな》はある？

歌《うた》に登場《とうじょう》する植物《しょくぶつ》は数多《かずおお》くありますが、ハルジオンもその一《ひと》つ。乃木坂《のぎざか》46の「ハルジオンが咲《さ》く頃《ころ》」、BUMP OF CHICKENの「ハルジオン」などがあります。

DATA

- 原産地《げんさんち》 北《きた》アメリカ
- 大《おお》きさ 30～60cm
- 花期《かき》 3～5月《がつ》
- 別名《べつめい》 貧乏草《びんぼうぐさ》、貧乏花《びんぼうばな》
- 英名《えいめい》 Philadelphia fleabane、Pink fleabane

ハルジョオン、ハルジオンと呼《よ》ばれますが、正式《せいしき》には「ハルシオン」。「春《はる》に咲《さ》く紫苑《しおん》」という意味《いみ》です。野菊《のぎく》に似《に》た薄紫色《うすむらさきいろ》の可憐《かれん》な花《はな》は歌心《うたごころ》を刺激《しげき》するようで、松任谷由実《まつとうやゆみ》さんの「ハルジョオン・ヒメジョオン」、さだまさしさんの「春女苑《はるじょおん》」にも登場《とうじょう》します。

空《あ》き家《や》の荒《あ》れた庭《にわ》にいち早《はや》く群生《ぐんせい》するなどから、ナズナ（136ページ）と同《おな》じ「貧《びん》乏草《ぼうぐさ》」の別名《べつめい》を持《も》ちます。

A

ツワブキと「フキ」は関係《かんけい》がある？

ツワブキの「フキ」は、フキに由来《ゆらい》するといわれています。どちらも同《おな》じキク科《か》ですが、ツワブキは海岸《かいがん》に、フキは山野《さんや》に自生《じせい》します。

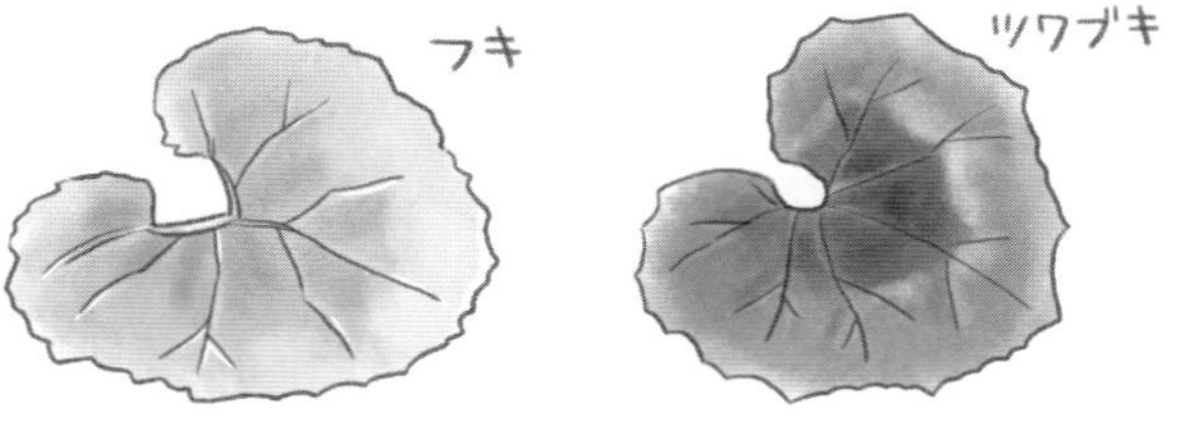

DATA

- 原産地《げんさんち》 東《ひがし》アジア
- 大《おお》きさ 60～80cm
- 花期《かき》 10～11月《がつ》
- 別名《べつめい》 つわ、款冬《かんとう》
- 英名《えいめい》 Japanese silverleaf

ツワブキは葉《は》の形《かたち》がフキにそっくり。それでいて、フキの葉《は》よりも厚《あつ》く艶《つや》があります。ここから、「厚葉蕗《あつはぶき》」あるいは「艶葉蕗《つやはぶき》」が転《てん》じてツワブキになったとか。

ツワブキの葉《は》はかつて、湿《しっ》疹《しん》や切《き》り傷《きず》の治療《ちりょう》に用《もち》いられました。また、葉柄《ようへい》はフキと同《おな》じように食《た》べることができます。ツワブキは昔《むかし》の人々《ひとびと》にとって大変《たいへん》なじみ深《ぶか》い植物《しょくぶつ》だったのです。

A

踏《ふ》まれたくてたまらない植物《しょくぶつ》がある？

オオバコは踏《ふ》まれるのが大好《だいす》き！ 踏《ふ》まれると種子《しゅし》が遠《とお》くへ運《はこ》ばれる可能性《かのうせい》が高《たか》くなるので、人《ひと》が歩《ある》くところにあえて生《は》えているのです。

DATA

- 原産地《げんさんち》 日本《にほん》
- 大《おお》きさ 10～50cm
- 花　期《かき》 4～9月《がつ》
- 別　名《べつめい》 車前草《しゃぜんそう》、蛙葉《かえるば》、すもうとり草《そう》
- 英　名《えいめい》 Chinese plantain

オオバコの茎《くき》も葉《は》も、踏《ふ》まれても簡単《かんたん》に折《お》れない構造《こうぞう》になっています。また、種子《しゅし》はゼリー状《じょう》の物質《ぶっしつ》に包《つつ》まれていて、水《みず》に濡《ぬ》れるとネバネバしてくっつきやすくなります。その状態《じょうたい》で靴《くつ》の裏《うら》や自動車《じどうしゃ》のタイヤにつき、種子《しゅし》を遠《とお》くまで運《はこ》んでもらうのがオオバコの狙《ねら》い。オオバコにとって人《ひと》や車《くるま》に踏《ふ》まれることは、困難《こんなん》でもなんでもなく、むしろ喜《よろこ》ばしいことなのです。

ヘビが食《た》べるイチゴがある？

A

「ヘビが食《た》べるイチゴ」という意味《いみ》でヘビイチゴの名《な》がついたといわれます。ただし、由来《ゆらい》には諸説《しょせつ》あり、ヘビが本当《ほんとう》に食《た》べるわけではありません。

DATA

- **原産地《げんさんち》** 日本《にほん》
- **大《おお》きさ** 10cm
- **花期《かき》** 4〜6月《がつ》
- **別名《べつめい》** 毒《どく》イチゴ、クチナワイチゴ
- **英名《えいめい》** False strawberry

黄色《きいろ》い小《ちい》さな花《はな》に真《ま》っ赤《か》な実《み》。その可憐《かれん》な見《み》た目《め》と「ヘビイチゴ」という恐《おそ》ろしげな名《な》がなんともミスマッチです。名前《なまえ》の由来《ゆらい》はほかに、「ヘビがいそうなところに生《は》えているから」「イチゴを食《た》べに来《き》た小動物《しょうどうぶつ》をヘビが狙《ねら》うことから」などがあります。また、毒《どく》イチゴという別名《べつめい》もあり、毒《どく》があるから食《た》べられないといわれますが、これはウソ。毒《どく》はなく、味《あじ》もありません。

「クズ」呼《よ》ばわりされる植物《しょくぶつ》がある？

A マメ科《か》のクズは昼寝《ひるね》をします。夜《よる》も眠《ねむ》ります。だからといって「クズ」ではありません。それどころか、葉《は》を自在《じざい》に動《うご》かせるすごいヤツなのです。

DATA

- 原産地《げんさんち》　日本《にほん》
- 大《おお》きさ　5m～
- 花期《かき》　7～9月《がつ》
- 別名《べつめい》　うらみ草《ぐさ》
- 英名《えいめい》　Kudzu vine

日差《ひざ》しが強《つよ》すぎると光合成《こうごうせい》の能力《のうりょく》を超《こ》えてしまい、かえって害《がい》になります。そこでクズは、日中《にっちゅう》は葉《は》を立《た》てて閉《と》じ、昼寝《ひるね》をします。そして、夜《よる》は夜《よる》で、葉《は》の裏《うら》から水分《すいぶん》が逃《に》げ出《だ》すのを防《ふせ》ぐために葉《は》を垂《た》らして閉《と》じ、本格的《ほんかくてき》に眠《ねむ》るのです。光合成《こうごうせい》の効率《こうりつ》を上《あ》げるためにあえて休《やす》むとは、まるでデキるビジネスパーソンのようです。さらに、根《ね》は風邪薬《かぜぐすり》にもなり、葛粉《くずこ》にもなります。

おわりに

植物《しょくぶつ》は動《うご》くこともなければ、声《こえ》を出《だ》すこともありません。しかし、植物《しょくぶつ》もまた、私《わたし》たちと同《おな》じ命《いのち》を持《も》つ生《い》き物《もの》です。

植物《しょくぶつ》たちは、ただボーッと生《は》えていたり、何《なん》となく花《はな》を咲《さ》かせていたりするわけではありません。厳《きび》しい環境《かんきょう》を克服《こくふく》し、さまざまな敵《てき》から身《み》を守《まも》り、昆虫《こんちゅう》などを巧《たく》みに利用《りよう》したりして、たくましく生《い》きています。

そして私《わたし》たち人間《にんげん》も、植物《しょくぶつ》と同《おな》じように命《いのち》を持《も》ち、生《い》きる力《ちから》を持《も》つ不思議《ふしぎ》な存在《そんざい》です。

人間《にんげん》と植物《しょくぶつ》は、昔《むかし》から共《とも》に生《い》きてきました。

私《わたし》たちは植物《しょくぶつ》が吐《は》き出《だ》す酸素《さんそ》を吸《す》って生《い》きています。森《もり》の木々《きぎ》や公園《こうえん》の緑《みどり》は、私《わたし》たちの心《こころ》を安《やす》らかにしてくれます。植物《しょくぶつ》の生《は》える自然《しぜん》は、多《おお》くの生《い》き物《もの》のすみかとなり生態系《せいたいけい》がつくられます。そして、人間《にんげん》は花《はな》を愛《あい》し、食《た》べ物《もの》となる作物《さくもつ》や野菜《やさい》を育《そだ》ててきたのです。

私《わたし》たちは植物《しょくぶつ》なしに生《い》きてゆくことはできません。植物《しょくぶつ》も愛《あい》すべき存在《そんざい》ですが、長《なが》い歴史《れきし》の中《なか》で紡《つむ》がれてきた「植物《しょくぶつ》と人間《にんげん》の関係《かんけい》」こそ、私《わたし》たちが愛《あい》すべきものなのかもしれません。

参考書籍《さんこうしょせき》

『図解雑学《ずかいざつがく》 植物《しょくぶつ》の科学《かがく》』八田洋章編著《はったひろあきへんちょ》（ナツメ社《しゃ》）

『身近《みぢか》な野菜《やさい》のなるほど観察記《かんさつき》』稲垣栄洋著《いながきひでひろちょ》、三上修画《みかみおさむが》（草思社《そうししゃ》）

『雑草手帳《ざっそうてちょう》 散歩《さんぽ》が楽《たの》しくなる』稲垣栄洋著《いながきひでひろちょ》（東京書籍《とうきょうしょせき》）

『面白《おもしろ》くて眠《ねむ》れなくなる植物学《しょくぶつがく》』稲垣栄洋著《いながきひでひろちょ》（PHP 研究所《けんきゅうしょ》）

『雑草《ざっそう》キャラクター図鑑《ずかん》 物言《ものい》わぬ植物《しょくぶつ》たちの意外《いがい》な知恵《ちえ》と生態《せいたい》が１コママンガでよくわかる』稲垣栄洋著《いながきひでひろちょ》（誠文堂新光社《せいぶんどうしんこうしゃ》）

『怖《こわ》くて眠《ねむ》れなくなる植物学《しょくぶつがく》』稲垣栄洋著《いながきひでひろちょ》（PHP 研究所《けんきゅうしょ》）

『スイカのタネはなぜ散《ち》らばっているのか タネたちのすごい戦略《せんりゃく》』稲垣栄洋著《いながきひでひろちょ》、西本眞理子画《にしもとまりこが》（草思社《そうししゃ》）

〈参考《さんこう》サイト〉

https://jspp.org/hiroba/q_and_a/

https://kids.gakken.co.jp/kagaku/110ban/

https://www.shuminoengei.jp/?m=pc&a=page_p_top

https://www.zaikei.co.jp/article/20180924/467593.html?utm_source=news_pics&utm_medium=app

稲垣栄洋（いながき　ひでひろ）
1968年静岡市生まれ。岡山大学大学院農学研究科修了。博士（農学）。専攻は雑草生態学。農林水産省、静岡県農林技術研究所等を経て、静岡大学大学院教授。
農業研究に携わる傍ら、雑草や昆虫など身近な生き物に関する著述や講演を行っている。
『雑草手帳 散歩が楽しくなる』（東京書籍）、『面白くて眠れなくなる植物学』『世界史を大きく動かした植物』（ともにPHP研究所）、『雑草はなぜそこに生えているのか』（筑摩書房）など著書多数。

装幀　石川直美（カメガイ デザイン オフィス）
イラスト　にゃんとまた旅／ねこまき
本文デザイン　佐野裕美子
執筆協力　小川裕子
編集協力　有限会社ヴュー企画（野秋真紀子、山角優子）
編集　鈴木恵美（幻冬舎）

知識ゼロからの植物の不思議

2019年8月20日　第1刷発行

著　者　稲垣栄洋
発行人　見城 徹
編集人　福島広司

発行所　株式会社 幻冬舎
〒151-0051　東京都渋谷区千駄ヶ谷4-9-7
電話　03-5411-6211（編集）　03-5411-6222（営業）
振替　00120-8-767643
印刷・製本所　近代美術株式会社

検印廃止

ISBN978-4-344-90339-5 C2095
Printed in Japan
幻冬舎ホームページアドレス　https://www.gentosha.co.jp/
この本に関するご意見・ご感想をメールでお寄せいただく場合は、comment@gentosha.co.jp まで。